JN246967

まえがき

　敗戦後の混乱がまだ残る日本の鉄道に、突然に出現したのが「特ロ」と呼ばれた特別2等車である。リクライニングシートという日本になじみのなかった座席は、当初は国鉄の当局者からは疑問の声が多かったが、占領軍からの強い指示で誕生した。いざ登場してみると大好評で、優等列車の2等車(現在のグリーン車)には標準装備となり、電車や新幹線を含め、現在に至るまで乗客に愛用されている。

　戦前の2等車は向かい合わせの4人掛けボックスシートか、2人掛けの転換シートで、設備の質に大きく差が付いたため、導入時には通常の2等車料金に加えて特別料金を徴収した。部内では両者を区別するために「特ロ」、「並ロ」という言葉

が使われ、特別料金が廃止されたあとも便宜的に使用された。本職だけでなく、われわれ車輌ファン、模型ファンにもなじみある言葉となって残っている。

　本書は戦後の車輌史に大きなインパクトを与えた特ロの全貌をまとめ、登場の経緯、車輌の解説、運用の実態などを明らかにする。なお「ロ」の

呼び方は戦後の運賃制度の改正で度々変更されるが、本書ではそれぞれの時期の呼び方（2等車、1等車、グリーン車）で記載している点をご了解いただきたい。

C60形の牽引で特ロのみの団体列車が東北本線奥中山の急勾配を登る。
　　　　　　　　　　1967.4.29　御堂－奥中山　P：和田　洋

1. 特ロの誕生と発展

■ 1-1. 特急「へいわ」の2等車が生んだ占領軍の指示

日本の鉄道は戦争によって甚大な損害を受けた。敗戦直後は車輌の設備も荒廃し、窓ガラスのない車輌も当たり前に走っている状況だった。それでも徐々に輸送は回復、1947(昭和22)年には一時廃止されていた急行列車の運転が再開、1949(昭和24)年には公共企業体として日本国有鉄道が誕生、お役所意識を捨ててサービスを充実させることを目標とした。

同年9月15日からは、東京〜大阪間に特急「へいわ」が復活した。「へいわ」の編成(47頁)は戦前製の1等展望車や食堂車を復旧させたほかは、戦後製の車輌を中心にその時点では最も質の高い車輌を集めて、特急らしい編成作りに国鉄は苦心した。とはいえ、展望車を除いた他の車輌は、普通列車にも使用されている車種なので、特急としての差別化の面ではやや不十分だったことは間違いない。

特急車輌の水準、特に2等車について不満を抱いたのが、占領軍民間運輸局(CTS)の米国人スタッフだった。「へいわ」に使用されていたオロ40は、戦後の新製車ではあるが設計は戦前で、4人掛けの標準的な並ロである。筆者は1965(昭和40)年前後に、普通車に格下げされた時期に乗車した経験があるが、深々としたソファーと広いシートピッチの重厚な車輌で、いかにも戦前の良き時代を思わせる雰囲気が残っていた。

ところがCTSはそう受け止めなかった。特急の2等車としては水準が低いというのである。高官は展望車や占領軍専用列車を使用するが、一般のスタッフは日本人に交じって2等車を利用することも多い。ゆったりした座席配置も大柄な米国人にとってはいささか窮屈で、特に4人掛けの固定座席が特急にふさわしくないサービスレベルに映ったようだ。米国で一般的なリクライニングシートを備えた特急用の2等車を製作すべきだとの意見がまとまり、国鉄に指示が下された。「特ロ」の誕生である。

■ 1-2. 錯綜する構想
●改造車での対応、種車はスハ42を想定

1949(昭和24)年秋、占領軍から特別仕様の車輌製作の指示を受けた国鉄は困惑した。指示内容を具体化すると、座席が回転し背中の角度が自由に変えられることになる。担当者は部内の文書の中で、この新しい座席を「安楽腰掛」、

スロ60 20 スロ60は初期鋼体化車の特徴であるキノコ型妻面となった。
1965.3.7 品川 P：葛 英一

特急「へいわ」に使われたオロ40の車内。占領軍には不満だった。
P：鈴木靖人

2つの機構を、「回転腰掛」、「自在腰掛」などと表現するが、それまでの車輌には見られなかった仕組みだけに、導入には消極的だった。

国鉄は日本の車輌の特徴を説明して占領軍を説得した。日本人ののし好に合わない、向かないと説明するのだが、占領軍は納得しない。現状は特急の2等車としてはあまりにお粗末だという強い主張に、やむを得ず国鉄も実現に向けて具体案を作成した。

年度途中で浮上した案件でもあり、また製作期間を短縮するために、新製車ではなく3等車の改造によって対応することを基本にした。車体、窓割は変更せず、3等の固定座席を撤去して安楽腰掛を設置する方向が固まってきた。

改造の種車としては、1m幅の広窓車が座席を配置する関係で適当とされ、戦前設計の代表的3等車であるオハ35またはスハ42(オハ35の使用した戦前製のTR23台車をTR40に置き換え、重量の増加により形式が変わった戦後製車輌)が候補となった。この形式の窓配置を前提に、窓の中心位置に座席を配置した結果、座席数は9列、定員36人となった。前の座席との間隔がかなり広いが、そもそものいきさつが占領軍指示で、外国人仕様と考えればこれが適当かとなった。国鉄はこの車輌を最初から1等車と考えていたので、定員が少ないことには何の抵抗もなかったと思われる。回転腰掛についてはこれまで経験がなく、実際に座席を回転させる時の余裕スペースがどの程度で十分かがまだはっきりしなかった。この時点ではまだ、新型の座席が具体化されておらず、ある程度の余裕空間を見ておく必要もあったようだ。

●鋼体化改造への変更

設計は急ピッチで進められ、1949(昭和24)年10月には種車にスハ42を想定した形式図(VC3374)が作成されるが、このあたりから新型1等車構想は迷走が始まる。まず改造の種車となる3等車の生み出しに問題が生じた。この時期の国鉄は深刻な車輌不足で、特に3等車は状態の悪化した木造車までかき集めて、やっと輸送力を確保していた。新製間もないピカピカの車輌を定員36人の優等車に改造することには抵抗もあったようだ。

そこで当時進められていた鋼体化改造[*1]の車輌として生み出す計画に変更された。オハ60として改造予定の車輌のうちから30輌を特ロに振り向けた。これなら既存の

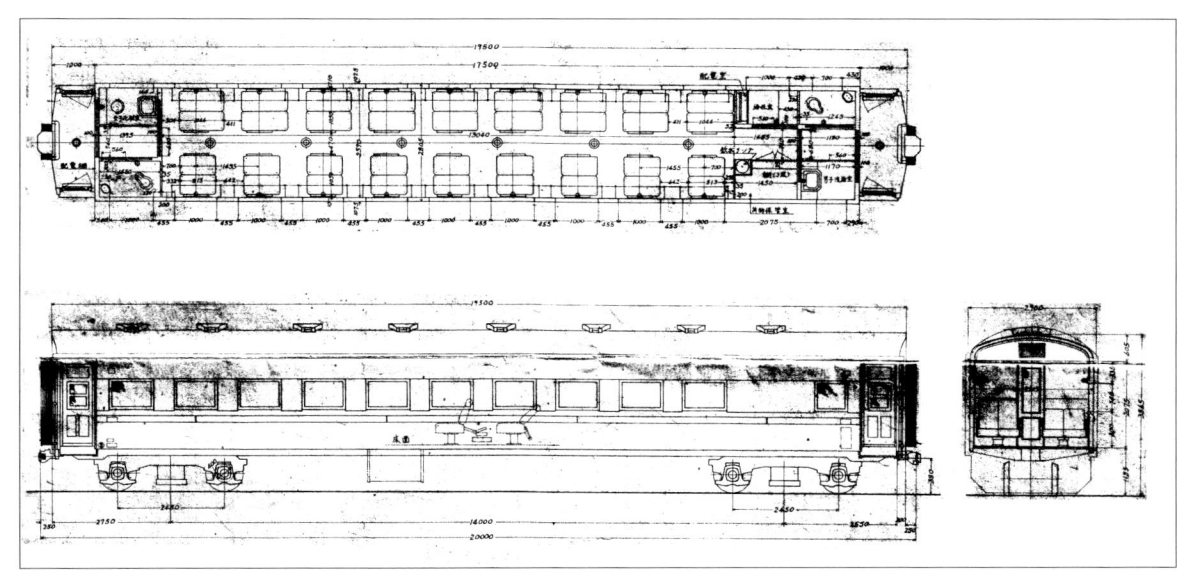

種車をスハ42としたスイ32形の想定形式図（VC03374）。

車輛を召し上げることにはならない。こうして図面が書き直され（図面番号は同一）、60系客車の特徴である切妻スタイル[※2]の車体構造で、初期車の特徴であるキノコ型の妻面となった。

60系の最初の3等車オハ60は窓幅が700mmの狭窓だったが、新1等車とほぼ同時期に設計が始まったと考えられる第2陣のオハ61からは、1,000mmの広窓に変わっている。スロ60はオハ61の側面とほぼ同一で、60系客車は定員を3等車の標準の80人から88人に増やすために座席間隔を狭めており、この窓割を前提にしたことでスハ42を想定した最初の案に比べて座席は2列増えて定員が44人になった。

●1等車に対する拒否と苦心の代案の「特別」2等車

新型車の具体化を進める段階で、国鉄はこの車輛を当然1等車にあたると考えていた。1949（昭和24）年10月29日に本庁で開かれた関係者の打合せでは、新型車のために新しい等級は作らず、従来の3等級制度の枠組みは変更しないことを確認した。そのうえで、新型車の運賃は3等の3倍は必要なので、これを1等車にすることを内定した。これによって新型車の形式は「イ」とすることを前提に、準備が進んだ。

ところがこうした車輛の概要を占領軍に説明した国鉄は、強い拒否反応にあう。新車輛は2等車にせよとの強い指示が出たのである。軍の理屈は「世界中探しても、40人を乗せるような1等車はない」というもので、占領下の国鉄はこれに従うしかなかった。

困ったのは従来の2等車との大きな格差である。そこでまず「特別2等車」という言葉を作り、従来車と区別をした。

●転変する形式名

改造の手法が途中で変わったうえに1等車案が挫折したことを受け、想定する形式名も短期間に次々と変わっていく。スハ42の改造を想定した最初の段階では、形式は「スイ32」とされていた。鋼製客車の形式番号は、2軸ボギー車の場合は車種ごとに30から始めるのがルールである。戦前の1等車は全て乗り心地のよい3軸ボギー車で、これもルールに合わせて37からスタート、2軸ボギー車の1等車はなかったから、新型車は「スイ30」となりそうであった。

ところが「32」とされたのには事情があった。占領軍は軍の兵員、物資の輸送のために、国鉄の車輛を大量に徴用し、「駐留軍専用車」が生まれた。軍の高官が旅行する際の車輛として、2軸ボギー車の1等車が生まれ、当時はオイ30、スイ31が現存した。このため新1等車の形式番号には「32」が付くことが想定されたわけだ。

これが鋼体化改造に変更になったことで、形式番号も見直す必要が出てくる。ここで生まれた仮称形式が「オイ60」である。30代の一般客車の形式番号から、鋼体化客車の60代に変更されたのである。重量区分はスハ42を前提にしていた「スイ」から、鋼体化車輛の標準である「オ」になると想定した。

しかし車輛の内装の具体案が詰まっていき、安楽腰掛の回転、自在機構の装置などを組み込むことで重量増加が予想され、結局「スイ60」となって形式番号はいったん確定する。ところが国鉄の思惑に反して1等車構想が挫折、やむなく2等車の形式番号を与え、「スロ60」として本決まりとなった。

※1　鋼体化改造：木造客車の台枠を再用し、上回りに鋼製の車体を新製、少ない改造費で車輛の状態を改善、安全性の向上を狙った大きな改造プロジェクト。1947（昭和22）年に八高線で発生した列車の脱線転覆事故は木造客車の脆弱な車体が原因となり、乗客184人が死亡した大事故となった。この対策として1949（昭和24）年度から開始され、1955（昭和30）年度までの間に3,000輛を超す鋼製客車が生み出され、国鉄の営業用車輛からは木造客車は姿を消した。これらの客車は「鋼体化改造車」と総称されるが、形式番号に60代を使用したため、「60系客車」と呼ばれることも多い。木造車に比べて3等車の質は大幅に改善されたが、改造費を抑えるために座席の背板はモケットのない木製で、台車は種車のTR11をそのまま使用した。

※2　60系の切妻スタイル：鋼体化改造の第一弾として登場したオハ60では、妻面は完全な切妻にはならず、デッキにかけてすぼめた形の独特の形状となった。1950（昭和25）年から登場するオハ61以降の客車は綺麗な切妻になるのと対照的である。模型ファンはこれを「キノコ型」と呼び、車輛にアクセントが付くためにむしろ歓迎されている。

スロ60 29　貫通扉のガラスには「特別二等」の標示を入れた初期のスロ60。屋根上には冷房用点検フタがある。1956.5.3　尾久　P：伊藤　昭

■ 1-3. スロ60
ゆったりした座席配置、工夫した回転機構

- ・1等車として計画、占領軍の反対で「特別」2等車に
- ・冷房取り付けを想定、準備工事を施工
- ・リクライニングシートは小糸製作所に特注、回転機構を工夫し特許取得
- ・定員は44人のゆったりした座席配置で広窓を採用
- ・便所は2ヶ所に設けてどちらも洋式。男性・女性用に区別した
- ・水の使用が多く、欠水事故が頻発して水タンクを増設
- ・台車は戦後製TR40を付け、後にTR40Bにはき替える

　紆余曲折を経てスロ60の製作が始まる。鋼体化改造ではあるが、当初から特急「つばめ」への連結が想定されたので、他の60系客車とは違って丁寧な仕上がりが求められる一方で、占領軍からは急いで完成させるような指示も出て、関係者は苦労した。回転腰掛の取り付けなど新しい事項も多く、改造は国鉄本社（当時の呼称は「本庁」）に近接した大井・大宮の両工場（当時は「工機部」）が担当した。

　高松吉太郎氏が主宰する東京鉄道同好会の機関誌

冷房準備工事を施工、天井に送風ダクトを設置したスロ60 9の天井。　　　　　　　　　　　　　　　　　　　　　所蔵：星　晃

『Romance Car』の1950（昭和25）年9月号には「スイ60」の紹介記事があり、「或る事情から特に急造の必要があった為国鉄内工機部で木製車の鋼製化改造の形式を以て工事が進められている」との記載がある。事情に通じている読者なら、「或る事情」は占領軍だなとピンときたことだろう。

　冷房機器を取り付ける前提で、天井には冷風用のダクトを設置、屋根上に点検用の蓋を設けた。床下は冷凍機を取り付けるためのスペースを空けた。給仕室の一角を冷房用配電室に充てるように仕切りを設けたために、給仕室が狭くなり運用開始後に乗務員からの苦情が絶えなかった。

　室内は伝統的なニス塗りではなく、天井はクリーム色で塗りつぶす米国流の仕上げとした。網棚の下部に20Wの読書灯を設けたことと合わせて、白熱灯ではあるが座席での照度はかなり明るくなっている。給仕室には飲料水用のタンクを設置し、廊下からコックを扱うことで乗客が利用できるようにした。

　鋼体化改造ではあるが、台車は戦後製のTR40を付け、その後にバネを柔らかくしたTR40Bに替えている。出入り口の上部には等級表示灯を置き、「特別2等」の表示を付けた。座席の中心間隔は回転のための余裕もみて1,250mmとゆったりとり、11列44人の定員とした。

　一番の問題は初めて導入するリクライニングシートだった。2つの機能が必要で、国鉄はこれを「安楽椅子」「回転椅子」と表現して部内に周知、対外広報にも利用している。国鉄は車輛用座席で実績のあった小糸製作所に協力を要請、同社が開発した新型座席を全面採用した。

　1950（昭和25）年6月に国鉄車両局は「車両用安楽腰掛（回転）仕様書」をまとめた。新型座席は、「床に取付るための座およびこの上にのる台ワクの二部分から構成」し、台ワクは下部に取り付けたペタルを踏むことで自由に回転できる状態となり、180度回したところで停止して固定する。回転する場合は車室側面から自動的に離れ、側面と接触することなく回すことができる。90度回転した時に、約80mm通路側に移動する仕組みを偏心機構と呼び、これが小糸の工夫のしどころで同社の特許となった。回転を円滑

にするため、座にはボールベアリングを組み入れている。

　小糸製作所は同年11月に「優等客車用安楽椅子取扱心得」をまとめ、特ロ検修用資料として配布する。背もたれの傾斜機構を含めた回転部分には、適切な給油によって抵抗なく回転できるように求めている。この座席は「R11」と名付けられた。Rはリクライニングシートの略であろう。スロ60以降の特ロは座席を少しずつ改良、「R12〜」の番号が付けられていく。

　「へいわ」は1950（昭和25）年1月から「つばめ」に名称変更され、CTSは4月1日から特ロを連結するよう指令してきたが、工事が遅れてどうしても間に合わず、結局4月11日東京・大阪発の列車から連結された。

　たまたま4月1日から2等運賃がそれまでの3等の3倍から2倍に引き下げられたことと重なり、値下げでサービス向上となったために乗客の評判は非常に良く、満席になる日も続出した。所定の編成は5輌ずつ連結、使用10輌に対して最初に完成した11輌を宮原客車区に配置したが、徐々に落成車が増えるとすぐに増結が始まり人気の高さを物語った。

　その一方で問題も発生した。苦情が頻発したのが欠水で、トイレの構造が原因だった。スロ60で採用した洋式便所は、便器に常時水を満たしておくシスタン式で、1回の使用で10ℓずつ水を消費する。また洗面所の蛇口をバネ式の押しボタンからハンドル方式に変えたことで、ここでも消費量が増えた。この結果、東京を発車した「つばめ」が給水個所の名古屋までもたず、沼津くらいで水がなくなりトイレが使えない事態が起こった。

　急きょ途中駅の給水を増やす対策をとられた。1951（昭和26）年1月実施の給水駅指定によれば、下りの特急は沼津、浜松、名古屋、米原で給水することを決めた。併行して700ℓの水タンクを増設して2個にすることになり、未落成の車輌から実施された。初期落成車は後続車輌の増備

■スロ60形車歴表

番号	改造				改造・廃車			
	年月日	改造所	種車	配置	最終配置	年月日	改造所	改造後
1	1950.3	大井	ナハ23728	宮原	竜華	1968.3.29		廃車
2	1950.3	大井	ナハ23729	宮原	竜華	1967.12.24	幡生	マニ36 302
3	1950.3	大井	ナハ23733	宮原	出雲市	1967.11.18	幡生	マニ36 303
4	1950.3	大井	ナハ23778	宮原	米原	1968.3.31	多度津	マニ36 304
5	1950.6	大井	ナハ22064	宮原	出雲市	1967.11.30	幡生	マニ36 305
6	1950.6	大井	ナハ22003	宮原	出雲市	1967.8.31		廃車
7	1950.6	大宮	ナハ22066	宮原	米原	1968.2.7	多度津	マニ36 307
8	1950.6	大宮	ナハ22501	品川	竜華	1968.1.25	多度津	マニ36 308
9	1950.3	大宮	ナロハ21525	宮原	竜華	1968.6.21	多度津	マニ37 2012
10	1950.3	大宮	ナハ22605	宮原	竜華	1967.11.14	多度津	マニ37 1
11	1950.3	大宮	ナロハ21730	宮原	竜華	1968.6.8	多度津	マニ37 2013
12	1950.3	大宮	ナハ22511	宮原	竜華	1967.12.19	多度津	マニ36 312
13※1	1950.3	大宮	ナハ22080	宮原	宮原	1968.9.28	小倉	マニ37 2014
14※1	1950.3	大宮	ナハ22515	宮原	宮原	1968.6.28	小倉	マニ37 2015
15※1	1950.3	大宮	ナハ22080	宮原	宮原	1968.3.31	幡生	マニ36 315
16※2	1950.4	大宮	ナハ22052	品川	品川	1967.11.2	多度津	マニ37 2
17※2	1950.4	大宮	ナハ22053	品川	品川	1968.2.10	土崎	マニ36 317
18※2	1950.4	大宮	ナハフ24022	品川	品川	1968.3.13	土崎	マニ36 318
19	1950.5	大宮	ナハ22088	品川	品川	1968.6.26	幡生	マニ37 2016
20	1950.5	大宮	ナハフ24521	品川	品川	1967.11.12	土崎	マニ36 320
21	1950.5	大宮	ナハ22526	品川	竜華	1968.3.19	幡生	廃車
22	1950.5	大宮	ナハ12558	向日町	向日町	1968.6.14	多度津	マニ37 2017
23	1950.5	大宮	ナハ12541	品川	品川	1967.12.22	土崎	マニ36 323
24	1950.5	大宮	ナハ12573	品川	品川	1968.3.6	幡生	マニ37 2019
25	1950.6	大宮	ナハ12575	品川	品川	1968.7.23	幡生	マニ37 2019
26	1950.6	大宮	ナハ22608	品川	品川	1968.1.23	土崎	マニ36 326
27	1950.6	大宮	ナハフ24072	向日町	向日町	1968.6.7	幡生	マニ37 2020
28	1950.6	大宮	ナハ12572	品川	竜華	1968.3.19	幡生	マニ36 328
29	1950.6	大宮	ナハ12574	品川	直江津	1968.9.27	幡生	マニ37 2011
30	1950.6	大宮	ナハ12576	品川	新潟	1968.7.17		廃車

車掌室設置改造（原番号＋100番代）：※1 1951.3 高砂工　※2 1951.4 名古屋工

で運用に余裕ができると、緊急工事で増設した。

　1950（昭和25）年6月までには30輌全てが落成、14輌が宮原区、16輌が品川区配置となった。

●1951（昭和26）年度からの小改造
　新機軸を盛り込んだスロ60は使用開始後すぐに、以下のような小改造を繰り返した。

車掌室新設　新型の食堂車として1950（昭和25）年度末にマシ35が完成、特急に投入された。空席待ちの乗客が多

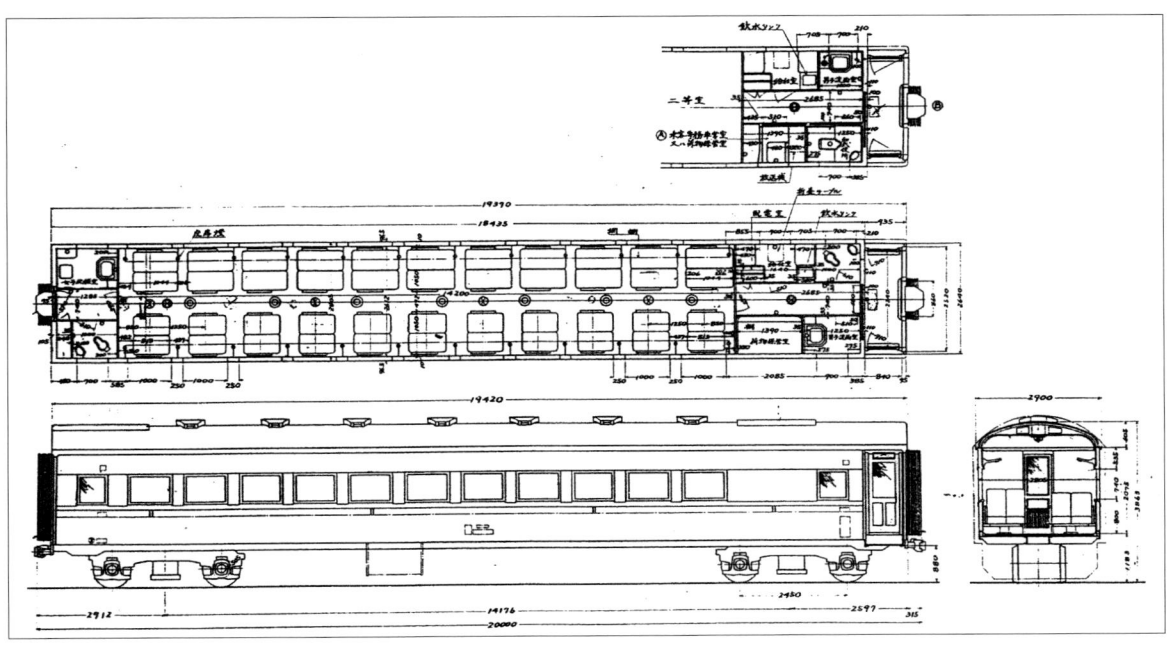

スロ60形式図

く、喫煙室のスペースを拡大して、専務車掌室を設けなかったため、隣りに連結するスロ60に設置することとなった。このために6輌を改造することになり、給仕室の反対にある荷物保管室を車掌室に改め、窓を新設した。改造後は原番号に100を加えた100番代で、3輌ずつ品川、宮原区に配置されて「つばめ」「はと」編成に1輌が組み込まれた。

便所・洗面所改造　2ヶ所に設置したスロ60の洋式便所は、乗客からは不評だったし欠水の原因ともなっていたため、1951（昭和26）年度に入ると早速改良案が出された。まず後位側の洗面所を2位側の洋式便所の位置に移し、洗

スロ60 23　近代化改造により、屋根の冷房点検蓋を撤去した。
P：鈴木靖人

スロ60 118　専務車掌室を設置、窓を増設しスロ60形100番代が生まれた。
P：鈴木靖人

面所の場所に和式便所を設置した。洗面台の向きは進行方向に直角だったのを、平行にした。運転中に手を洗っている乗客が動揺で体勢を崩すという現場からの要望を受けた形だが、必ずしも結果は良くなかったようだ。

車掌室・給仕室改造　改造によって新設した車掌室は放送機器の熱がこもって執務上問題が起き、1952（昭和27）年度に改良工事が行われた。機器をできるだけ端に寄せ、天井に扇風機を設けた。また給仕室は狭いとの苦情が強かったため、冷房設置の計画がなくなって不要となった配電室を撤去してスペースを広げた。

---

column 「窓側向き」に困惑した国鉄

「鉄道公報」は国鉄が部内の各種連絡を全国に伝達するため毎日発行していたもので、法令や規程の改廃など堅苦しい内容が多いが、業務上の注意事項を伝える「通報」欄には時に興味深い事項が掲載された。1950（昭和25）年12月25日付け公報に掲載された「特別2等車使用に伴う取扱上の諸注意について（車両局）」もそのような例にあたる。

書き出しは「本年十二月一日から全国各線区の急行列車に、特別2等車が連結使用されているが、その取扱上遺憾の点があるので、左記の諸点に特に留意されたい。」といかにも役所言葉が並ぶ。何が「遺憾の点」なのか。第1項で具体的な説明がある。

「安楽腰掛（回転）」を、窓の方に向けて使用できるような誤った取扱方が宣伝されているが、腰掛を窓の方にむけると、後方腰掛の使用が困難となり、他の乗客に迷惑を及ぼし、また

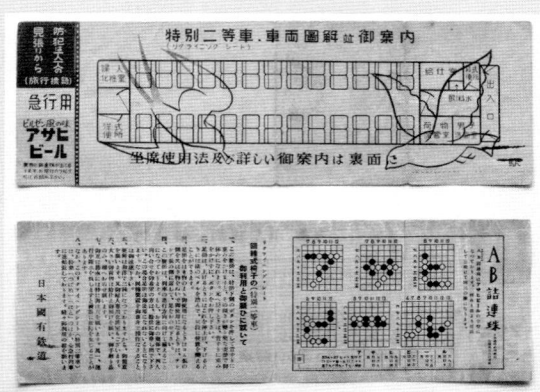

乗客に配られた特ロの説明書。　所蔵：工房Nishi

座席を窓側に向けた写真を掲載した「サン写真新聞」（1950年3月14日）。
所蔵：星　晃

腰板の破損、腰掛回転部分の故障原因となる。（中略）したがって、腰掛は必ず進行方向に向けて止装置が完全であることを確認すること。なお、窓の方に向ける希望があった場合は、懇切丁寧に腰掛の機能を説明して、乗客の誤解を受けないようにつとめること。」

国鉄がこのような丁寧な通達を出す背景には、新聞による困った報道があった。1950（昭和25）年3月14日付けの夕刊紙「サン写真新聞」に、「アベック向き特別2等車、4月1日からツバメに連結」という記事が掲載された。新登場するスロ60を写真を多用して紹介するものだが、その中の1枚に、若い男女が座席を窓側に向けて座っている写真があり、「ハンドルひとつでクルリと回転、さぞかし景色などは上の空でございましょうな」と解説文が付いた。これが騒動の元だったわけだ。

乗客に配られた説明書には、座席を回転する際は自分では行わず、乗務員に依頼するよう求めている。

■ 1-4. スロ50　急行用で定員を大幅増加

- ・スロ60と同タイプを民間に発注、新製車として計画
- ・交渉不調で急きょ鋼体化改造に切り替え、スロ61を名乗る予定
- ・急行への連結を想定、座席間隔を詰めて定員を48人にし、狭窓になる
- ・便所は1ヶ所を和式に切り替え。冷房準備工事は施工
- ・新製車予算を使ったため、形式をスロ50に変更

占領軍からの特ロ製造の指示は1949（昭和24）年度の途中に急に伝えられ、すぐに必要な30輛は、同年度の鋼体化改造予算を活用する形で製造したが、さらに必要な10輛は1950（昭和25）年度予算で新製車として作ることにした。同タイプの車輛を民間の車輛メーカーに発注する予定で準備が進み、スロ60と同様に当初は1等車を想定したので、形式も「スイ32」として形式図が作られた。

ところが価格面での交渉がうまく進まず、発注は不調に終わった。やむなくこの10輛も鋼体化改造によって国鉄内部で製作することにしたが、交渉で手間取っているうちに運用に入ったスロ60の使用経験から、座席間隔が広すぎるという意見が出て、設計を変更することになった。

新しい座席の中心間隔は1,100mm（スロ60は1,250mm）で、定員は48人（同44人）に増加した。間隔が狭まった結果、幅1,000mmの広窓は使えず、700mmの狭窓での登場となり、外観の印象は大きく変わった。窓と窓との間の吹寄幅は400mm（同250mm）に広がったため、車体の強度は強化された。台車はTR40の枕バネを2連として、バネを柔らかくしたTR40Bを採用している。

当初の方針は、合計40輛をまとめて運用する計画だったが、結果的には急行用としてスロ51と同等の室内設備に変わったわけで、そうなると10輛という規模は少なく、その後もスロ51の陰に隠れて、本形式はいささか目立たない存在になってしまった。

鋼体化改造車だったため、形式は「スロ61」として工事にかかったが、予算は民間への新製車発注として計上した枠を活用していた。このため理屈からいえば承認を得ていない新製車予算の流用になる。問題が起きることを心配した国鉄は急きょ形式を新製車の番号である「スロ50」に変

▲窓から搬入される座席。車体の形式番号標記はスロ61 2。
　　　所蔵：星　晃

▶「スロ61」の記事を掲載した『車輌工学』（1950年10月号）。

更した。一部の車輛はスロ61として落成しているが、現場で形式を書き直した。スロ50 1〜3はスロ61として登場したことが確認されている。1950（昭和25）年8月に、国鉄は東京〜大阪間の特急の8時間運転を目指して試験列車を走らせたが、この時にスロ61 3が組み込まれたようだ。残念ながら編成記録は見当たらない。

新製車の落成は「鉄道公報」で掲載されるが、本形式については最初から「スロ50」として扱われたため、公式には「スロ61」は存在しない。しかし実際には落成車輛に形式が標記されて登場するような状態だったから、部内だけでなく外部にも形式名は伝わっていた。

国鉄の車輌技術者向けの月刊誌『車輌工学』1950（昭和25）年10月号には、「スロ61形式の構造」という記事と、「スロ61の出来るまで」という口絵特集が掲載されていた

スロ61 1として出場したスロ50 1。　　　所蔵：星　晃

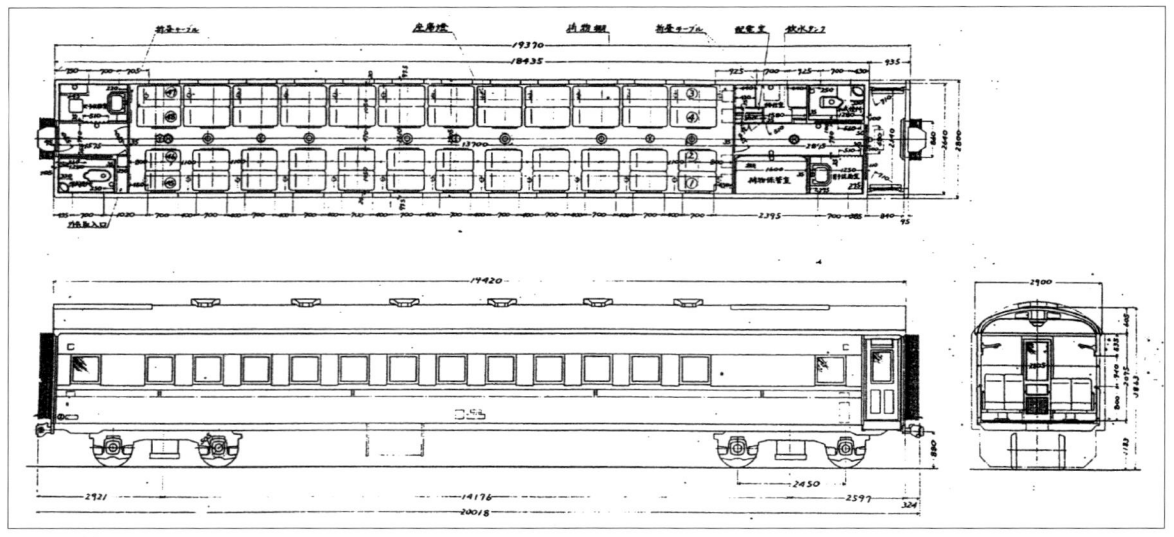

スロ50形式図

から、事情を知らない読者はスロ50の登場に首をかしげ
ただろう。

　2ヶ所とも洋式の便所は日本人乗客には不評だったた
め、スロ50では後位側を和式に変更した。当時の日本の
社会風俗では、特ロを利用する階層の女性は和服を着用す
ることが多く、洋式では不便だったという。

　スロ60と同様に、冷房ダクトなどの冷房準備工事を行
い、給仕室(特ロに配置した乗務員は「列車給仕」と呼ばれ
た。後に「乗客掛」に変わる)内に冷房用の配電盤を設け
た。この結果、前位の便・洗面所部分の長さは1,575mm
(スロ60は1,285mm)、後位の便・洗面所と給仕室部分は
2,895mm(同2,685mm)に広がり、座席間隔を狭めたにも
関わらず座席は1列しか増えずに定員は48人となった。
自在腰掛はスロ60で採用したR11の使用実績から、足置き
部分を改良したR12とした。

　床下の水槽はスロ60と同じ700ℓだったが、急行列車に

■スロ50形車歴表

改造					改造・廃車			
番号	年月日	改造所	種車	配置	最終配置	年月日	改造所	改造後
1	1950.8.12	大宮	ナロハ21497	宮原	鹿児島	1968.1.24	幡生	マニ36 331
2	1950.8.17	大宮	ナハ12548	宮原	鹿児島	1968.7.12	小倉	マニ37 2005
3	1950.8.12	大宮	ナハフ24531	宮原	伊勢市	1967.7.13		廃車
4	1950.8.24	大宮	ナハフ24045	品川	品川	1968.6.15	幡生	マニ37 2006
5	1950.8.26	大宮	ナハ22122	宮原	品川	1968.9.6	幡生	マニ37 2007
6	1950.9.16	大宮	ナハ22621	宮原	品川	1968.9.25	幡生	マニ37 2008
7	1950.8.31	大宮	ナハ22115	宮原	宮原	1967.12.23	多度津	マニ37 3
8	1950.9.11	大宮	ナハ12664	宮原	宮原	1967.11.29	多度津	マニ37 4
9	1950.9.15	大宮	ナロハ21451	宮原	品川	1968.8.25	幡生	マニ37 2009
10	1950.9.15	大宮	ナハ22603	宮原	品川	1968.8.4	幡生	マニ37 2010

使用するために特急に比べて停車駅が多く、給水個所を増
やすことで欠水を防げたので、水槽は増設しなかった。

　リクライニングシートの取り付けは難しくなった。幅
700mmの小窓になったため、座席全体を車内に持ち込め
ず、椅子と回転装置を分け、椅子は折り畳んで窓から室内
に入れ、車内で再度組み立てて取り付けた。

スロ50 5　スロ50形は狭窓で
登場した。
1956.5.3　P：鈴木靖人

スロ51 36　特ロは不足気味だっ
た が、「霧島」のような老舗急行
には2輌連結した。
　　　1955.6.30　P：藤井　暉

■ 1-5. スロ51　一気に量産、全国に展開

> ・全国の急行に連結する方針で一気に60輌を新製
> ・窓配置、座席間隔はスロ50を踏襲
> ・車体長を19.5mに伸ばす
> ・冷房準備工事をせず座席列を増やし、定員52人に
> ・寒地向け仕様も製作、北海道に配置

　急行列車に連結するとなると特ロは大幅に不足し、ス
ロ60やスロ50のような鋼体化改造車ではなく、まとまっ
た輌数を新製することになった。1950（昭和25）年度に生
まれたスロ51は、一気に60輌が新製された。当初は東海
道・山陽・九州線の急行と常磐・東北線の一部急行につい

て、全ての2等車を特ロにする計画だった。ところが途中
で方針が変わり、全国の急行列車に最低1輌ずつを連結す
ることになる。この結果、北海道への配備も必要になるた
め、製造途中だった8輌について、二重窓などの耐寒設備
を取り付けて落成させ、函館区に配置した。これらの車輌
は翌1951（昭和26）年度にスロ52に形式変更した。この結
果、スロ51は8輌分の欠番が生じている。
　座席間隔はスロ50と同じ1,100mmとし、窓も700mm
の狭窓になった。変わったのが客室外の部分である。前
位の便・洗面所は1,160mm（スロ50は1,575mm）になっ
た。最初から急行用で設計されたため、冷房の準備工事
は行わず、給仕室にあった配電関係の設備も必要がなく
なる。この結果、後位の便・洗面所、給仕室部分の長さ

■ スロ51形車歴表

スロ52形は13頁、スロフ51・52形は33頁参照

新製				改造・廃車			
番号	年月日	製造所	配置	最終配置	年月日	改造所	改造後
1	1950.10.31	近車	広島	都城	1970.7.2	松任	オハ41 369
2	1950.10.31	近車	広島	都城	1970.910	松任	オハ41 370
3	1950.10.31	近車	広島	旭川	1965.12.14	五稜郭	スロ52 15
4	1950.10.31	近車	広島	旭川	1966.6.4	旭川	スロ52 18
5	1950.11.22	近車	函館	函館	1951年度	五稜郭	スロ52 1
6	1950.11.22	近車	函館	函館	1951年度	五稜郭	スロ52 2
7	1950.11.22	近車	函館	函館	1951年度	五稜郭	スロ52 3
8	1950.11.22	近車	函館	函館	1951年度	五稜郭	スロ52 4
9	1950.11.22	近車	函館	函館	1951年度	五稜郭	スロ52 5
10	1950.11.22	近車	函館	函館	1951年度	五稜郭	スロ52 6
11	1950.11.10	帝車	尾久	札幌	1966.10.5	五稜郭	スロフ51 1
12	1950.11.12	帝車	尾久	函館	1966.6.15	五稜郭	スロフ52 2
13	1950.11.10	帝車	尾久	旭川	1966.1.30	旭川	スロ52 16
14	1950.11.10	帝車	尾久	旭川	1966.1.31	旭川	スロ52 17
15	1950.11.10	帝車	尾久	竜華	1968.9.25	小倉	マニ37 31
16	1950.10.31	新潟	長崎	品川	1966.12.20	大船	スロフ51 2016
17	1950.10.31	新潟	長崎	品川	1966.12.6	大船	スロフ51 2017
18 *1	1950.11.9	新潟	長崎	多度津	1969.11.29	多度津	オハ41 361
19 *2	1950.11.9	新潟	長崎	宮原	1970.7.4	盛岡	オハ41 2371
20 *2	1950.11.9	新潟	長崎	宮原	1971.1.30	盛岡	オハ41 2373
21	1950.9.25	日支	鹿児島	出雲市	1969.6.27	幡生	オハ41 351
22 *3	1950.9.25	日支	鹿児島	米原	1972.2.22		廃車	
23 *4	1950.9.25	日支	鹿児島	鳥栖	1971.12.24		廃車	
24	1950.9.25	日支	鹿児島	宮原	1969.8.30	幡生	オハ41 352
25 *5	1950.10.10	日支	鹿児島	名古屋	1971.12.24		廃車	
26	1950.10.10	日支	竹下	品川	1966.12.27	大船	スロフ51 2026
27	1950.10.30	日支	竹下	品川	1967.2.6	大船	スロフ51 2027
28	1950.10.30	日支	竹下	出雲市	1969.8.23	幡生	オハ41 353
29 *6	1950.10.30	日支	竹下	米原	1972.2.1		廃車	
30	1950.10.31	日支	(天)	函館	1951年度	五稜郭	スロ52 7
31	1950.10.28	東急	(天)	函館	1951年度	五稜郭	スロ52 8
32	1950.10.28	東急	(東)	宮原	1969.8.4	多度津	オハ41 354

新製				改造・廃車			
番号	年月日	製造所	配置	最終配置	年月日	改造所	改造後
33	1950.10.31	東急	(東)	宮原	1969.8.4	多度津	オハ41 355
34	1950.11.04	東急	(東)	幡生	1970.1.31	幡生	オハ41 362
35	1950.11.04	東急	(東)	仙台	1970.6.15	盛岡	オハ41 372
36	1951.10.27	川車	(東)	竜華	1969.9.16	多度津	オハ41 356
37	1951.10.27	川車	(東)	竜華	1969.11.1	多度津	オハ41 363
38	1951.10.27	川車	(東)	早岐	1966.11.29	小倉	スロフ51 38
39	1951.10.27	川車	尾久	向日町	1966.11.11	高砂	スロフ51 2039
40 *7	1951.10.27	川車	尾久	名古屋	1972.3.21		廃車	
41	1950.10.31	日車	仙台	竜華	1969.9.24	多度津	オハ41 357
42	1950.10.31	日車	仙台	竜華	1969.9.30	多度津	オハ41 358
43	1950.10.31	日車	仙台	早岐	1966.11.7	小倉	スロフ51 43
44	1950.10.30	日車	尾久	長崎	1968.9.28	小倉	マニ37 32
45	1950.10.30	日車	尾久	早岐	1970.1.31	幡生	オハ41 364
46	1950.10.31	日車	尾久	早岐	1970.1	幡生	オハ41 365
47 *8	1950.10.31	日車	尾久	新津	1972.3.31	旭川	スヤ52 6
48	1950.10.31	日車	尾久	札幌	1964.8.15	五稜郭	スロ52 13
49	1950.10.31	日車	秋田	札幌	1964.9.19	五稜郭	スロ52 14
50	1950.10.31	日車	秋田	函館	1955年度	五稜郭	スロ52 12
51	1950.10.31	川車	青森	竜華	1969.10.12	多度津	オハ41 366
52	1950.10.31	川車	青森	竜華	1971.4.30		廃車	
53	1950.10.31	川車	青森	函館	1953.12.16	五稜郭	スロ52 9
54	1950.10.31	川車	青森	函館	1953.11.28	五稜郭	スロ52 10
55	1950.10.31	川車	青森	函館	1953.12.27	五稜郭	スロ52 11
56	1950.11.04	東急	新潟	向日町	1967.3.30	高砂	スロフ51 2056
57	1950.11.04	東急	新潟	宮原	1969.8.23	多度津	オハ41 359
58	1950.10.31	日立	(門)	宮原	1969.8.30	多度津	オハ41 360
59	1950.10.31	日立	(門)	早岐	1969.11.2	多度津	オハ41 367
60	1950.10.31	日立	(門)	早岐	1970.1.31	幡生	オハ41 368

電暖改造（原番号＋2000番代）：※1　1967.2.21高砂工（宮原配置）　※2　1967.3.31高
砂工（宮原配置）　※3　1966.11.30名古屋工（米原配置）　※4　1967.3.6名古屋工（米原配
置）　※5　1966年度名古屋工（名古屋配置）　※6　1967.3.31名古屋工（名古屋配置）　※7
1967.3.25名古屋工（名古屋配置）　※8 1966.12.22名古屋工（名古屋配置）

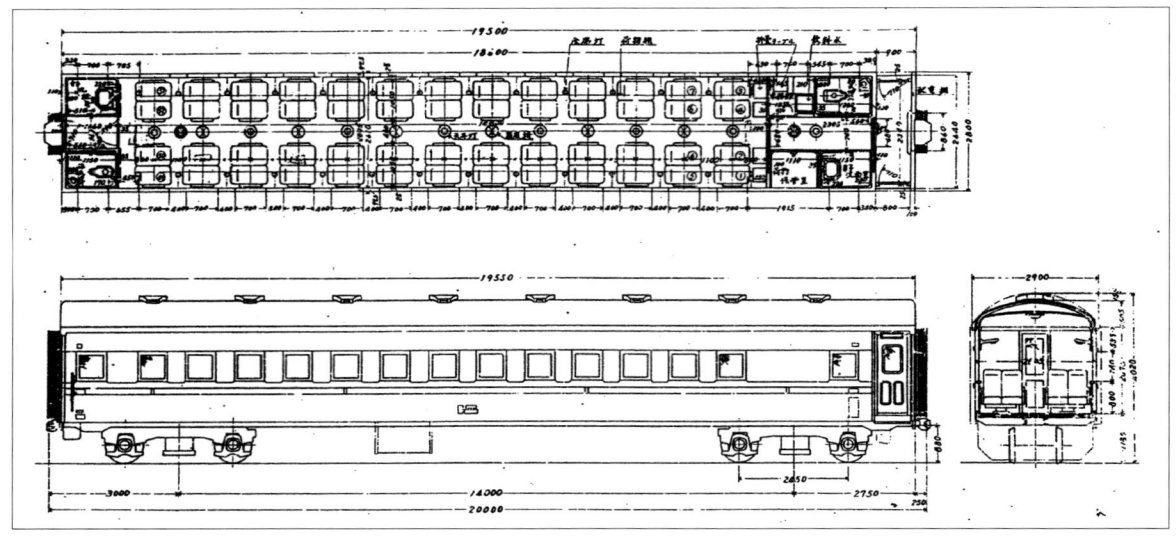

スロ51形式図

スロ51 28 トイレの臭気を逃がすダクトの試験車と思われる。
1963.5.18　品川客車区　P：吉野　仁

は2,305mm（同2,895mm）と短縮された。さらに車体長を19.5m（同19.37m）に延ばしたことで、客室内長さは13.7mから14.8mになり、座席を1列増やすことができて定員は52人に増加した。座席はスロ50と同じR12を使用した。

1950（昭和25）年9月に落成した最初の4輌は東京～鹿児島間の急行「霧島」に投入され、11月15日からほぼ全国一斉に運用に入った（主要列車の使用状況は38ページ参照）。

スロ51も冷房化の対象に入らなかったため、昭和40年代に入ると定期急行の運用から外れ、準急から普通列車にも使用された。1967（昭和42）年度以降は一部は緩急車改造で特ログループに残ったものの、大半は荷物車や通勤用改造を受け、1971（昭和46）年度で形式消滅した。

---

column シャツが赤く染まる

大好評の特口で起きた思わぬ問題が、座席のモケットの色が乗客の洋服に移ってしまう事件だった。特口は一般車と差別化するため、えんじ色のシート地を採用したが、夏に乗客が汗をかくとワイシャツが赤く染まる苦情が続出した。特口の乗客であるから企業の幹部社員も多く、クリーニング代を出したり、東京駅構内にあった入浴施設を使ってもらうなど、乗務員や駅員は対応に苦慮した。

スロ60で最初に取り付けられた白い座席カバーは頭のあたる部分だけだったが、急きょ座席全体を覆う大型のものに取り替えた。シート地は大阪の繊維メーカーで製作したもので、対策として表面を樹脂加工してみたものの使用するうちにはげてしまって効果が落ちた。

シート地は織ってから染色していたが、先に糸を染めてそれを織り上げる方式に改めてようやく解決した。この事件以降は、新車の仕様書には汗試験が加えられるという副産物もあったという。

◀スロ51 51の車内。しみ防止のため、カバーを下まで伸ばした。
P：鈴木靖人

■ 1-6. スロ52　北海道に配置、寒地向け仕様で改番

- ・北海道向けに二重窓、暖房機能強化の設備で登場
- ・スロ51として新製、スロ52に形式変更
- ・当初は冷房改造対象に入るが、結局は除外され改造、廃車に

　全国の急行に特ロを連結するとなると、北海道向けの耐寒設備を付けた車輌が必要になる。このため1950(昭和25)年度製のスロ51形60輌のうち8輌を二重窓の寒地向け車輌として製作、函館客車区に配置した。この8輌は翌1951(昭和26)年度にスロ52に形式変更になった。

　戦前の車輌の付番ルールでは、寒地向け車輌を区別せず続き番号にしていたため、車輌番号を見ただけでは、寒地向けかどうか区別がつかなかった。例えば1947(昭和22)年度製のオハ35 1163は函館区に配置された寒地向け車だが、次の1164は尾久区配置の一般車である。

函館から釧路まで長距離運用になる急行「まりも」。
P：鈴木靖人

スロ52 6

　形式を別にしたのはスロ52が第1号で、これ以降は寒地向け車輌は新形式を起こすか、番代区別するのが慣例になった。

　スロ52の設備は他の寒地向け車輌と同様に、窓を二重にして暖房設備を強化した。列車の増発で車輌が不足してきたため、1953(昭和28)年度に3輌がスロ51から追加改造されたのに続き、1966(昭和41)年度まで断続的に増備が続き、最終的には18輌まで増加した。このほか1966(昭和41)年度にはスロ51からスロフ52への改造も2輌あり、札幌、函館区に1輌ずつ配備されて、共通運用された。

　準急列車への特ロの連結は、北海道ではやや遅れて、準急「利尻」「石北」などには、戦前製の座席・寝台合造車マロネロ38が使用されていた。最終的には1965(昭和40)年度に全優等列車が特ロに置き替わった。

　1966(昭和41)年度からの特ロ冷房化改造では、当初は対象になっていたが結局改造計画から外され、スロ54やスロ62などを再度寒地向け改造して投入、スロ52と置き替えた。この結果、余剰となったスロ52・スロフ52は、しばらく団体用に使われた後、通勤車への改造や廃車で1970(昭和45)年度には形式消滅した。

■ スロ52形車歴表
スロフ52形は33頁参照

改造					改造・廃車			
番号	年月日	改造所	種車	配置	最終配置	年月日	改造所	改造後
								廃車
1	1951年度	五稜郭	スロ51 5	函館	釧路	1970.10.31		廃車
2	1951年度	五稜郭	スロ51 6	函館	札幌	1970.3	長野	オハ41 407
3	1951年度	五稜郭	スロ51 7	函館	札幌	1970.3.12	長野	オハ41 408
4	1951年度	五稜郭	スロ51 8	函館	釧路	1970.10.31	旭川	スヤ52 2
5	1951年度	五稜郭	スロ51 9	函館	札幌	1970.3.5	長野	オハ41 409
6	1951年度	五稜郭	スロ51 10	函館	盛岡	1970.12.24	盛岡	スヤ52 3
7	1951年度	五稜郭	スロ51 30	函館	釧路	1970.2.16	長野	オハ41 410
8	1951年度	五稜郭	スロ51 31	函館	釧路	1970.1.25	長野	オハ41 411
9	1953.12.16	五稜郭	スロ51 53	函館	釧路	1970.11.21	旭川	スヤ52 4
10	1953.11.28	五稜郭	スロ51 54	函館	函館	1969.8.23	多度津	オハ41 412
11	1953.12.27	五稜郭	スロ51 55	函館	函館	1969.8.30	多度津	オハ41 413
12	1955年度	五稜郭	スロ51 50	函館	函館	1970.1.16	多度津	オハ41 414
13	1964.8.15	五稜郭	スロ51 51	札幌	札幌	1969.6.19	長野	オハ41 401
14	1964.9.19	五稜郭	スロ51 49	札幌	札幌	1969.7.26	長野	オハ41 402
15	1965.12.14	五稜郭	スロ51 3	旭川	釧路	1969.8.28	長野	オハ41 403
16	1966.1.30	旭川	スロ51 13	旭川	釧路	1969.9.22	長野	オハ41 404
17	1966.1.31	旭川	スロ51 14	旭川	釧路	1969.9.30	長野	オハ41 405
18	1966.6.4	旭川	スロ51 4	旭川	札幌	1969.9.26	長野	オハ41 406

スロ52 3　元スロ51 7。スロ51として登場した北海道向け車輌はすぐにスロ52となった。　1957.8.30　函館客車区
P：江本廣一

スロ52 2　北海道向け車輌は耐寒設備が重要だった。
1965.1.27　網走
P：佐藤進一

column 難しかった料金設定

特ロは料金の設定を巡って紆余曲折した。当時の国鉄は3等級の時代で、特ロのために新しい等級は作らない方針だった。検討段階では1等車の計画だったので、設備に見合う料金差が付けられると考えた。

ところが「1等案」は占領軍から却下され、「特別2等」という新しい等級ができてしまった。国鉄当局が頭をひねったのは、この中二階的な車種をどう料金制度に落とし込むかという問題だった。

最初に登場したスロ60は特急「つばめ」「はと」に連結されたので、特急用の特別仕様ということで説明ができるが、占領軍は全国の急行にも連結するよう指示してきた。1950（昭和25）年度にスロ50・51を70輌製造するが、急行の2等車は全体で190輌が必要で、とても足りない。そこでそれまで連結していた戦前タイプの普通2等車（並ロ）も残して、併結運転を余儀なくされたが、そうなると同じ2等料金では格差がありすぎるという苦情が出るのは当然だ。

当時の鉄道運賃は法律で定めていたので、新しい料金を制度化するには時間がかかる。苦慮した国鉄がひねり出した案は、特ロを指定席車輌にすることだった。これなら既存の制度の活用で済む。そこで特ロと並ロを併結している列車では、特ロが指定席、並ロを自由席として、指定席料金を徴収することで差別化した。線区によっては1輌しか連結できないところもあり、その場合はやむを得ず同じ特ロの中を指定席部分と自由席部分に区分した。時刻表には巻末に「主要列車編成表」が掲載されているが、この当時の急行列車には「特ロ」「ロ」という表示が並んでいるのが普通だった。

鉄道好きで知られた作家の内田百閒は、1951（昭和26）年10月に仙台から急行「みちのく」で盛岡に向かう。その時の情景を次の様に描写している。

「特別二等車はこんでいる様である。ボイに座席が出来たら知らせてくれるよう頼んでおいて普通二等車へ入って行ったら、却ってその方に通路を隔てた二人

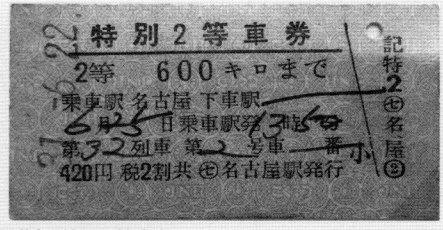

急行「阿蘇」の特別2等車券。
築島裕コレクション　所蔵：芝浦工業大学

並びの座席が空いていた。」（「東北本線阿房列車」）

等級制の時代に急行の2等車に乗ろうとすると、2等乗車券と2等急行券が必要だった。特ロに乗る場合はさらに座席指定券が必要だが、当時の指定料は100円で、料金全体からすれば、それほど大きな金額ではない。そうなれば設備が格段に上等な特ロを乗客が志向するのは当然だ。その結果、料金は安いにもかかわらず「却って普通二等車の方」がすいている事態が起きていた。

変則的な状態であるから、国鉄は運賃法を改正し、同年11月から距離に比例する「特別2等料金制度」を設定し、これでひとまず落着する。この時の料金は表の通りで、現在からみると高いのか安いのかすぐには判別できない。300kmの他の料金を参照すると2等運賃が940円、2等急行料金が300円であるから、特別2等料金の200円はそれなりのお値段といえるだろうか。

1958（昭和33）年になると、ようやく車輌不足は解消し、急行の2等車は特ロで統一された。同年11月の時刻表を見ると、「国鉄営業案内」の特別2等車料金の項目にカッコ書きで、「特急、普通急行には適用しません」という変な注記が付いている。この時点では特ロは準急には連結されず、特急、急行だけの連結だった。つまりこの注記は、この時点で特別2等料金の徴収がなくなり、実質的に廃止されたことを意味している。「主要列車編成表」の表記も「特ロ・ロ」から指定席かどうかを示す「指ロ・自ロ」に変わっている。

特別2等料金表

300kmまで	200円
600kmまで	300円
1200kmまで	400円
1201km以上	500円

1951年当時

スロ53 28 座席数を見直し広窓が復活した。
1957.1.20 品川客車区
P：江本廣一

■ 1-7. スロ53　広窓の復活、座席数が定着

- 座席配置を再見直し、中心間隔を1,160mmに広げ、定員48人に
- 広窓も復活、特口の標準タイプに
- 洋式便所を改良、水タンクも大型化し欠水防止を図る

　特口は毎年度増備されるが、それ以上に急行列車の増発が進み、作っても作っても不足する状態が続く。1951（昭和26）年度当初の段階で、特口は総計100輌になっていたが、同年度にはさらに30輌の新製が計画された。これまでの運用実態、乗客の反応、乗務員の意見などを総合して、新形式の特口が設計された。計画段階では「スロ52」として準備を進めたが、スロ51の寒地向け車がスロ52に形式変更となったため、番号を1つずらして「スロ53」として製作に入った。

スロ53 18 緩急車化前に近代化改造を受けた。
1963.8.17　広島　P：和田　洋

　スロ51は座席間隔を詰めて定員を52人に増やしたが、今度は足が伸ばせず窮屈だという不満が出て来た。そこで再度座席配置を見直し、座席中心間隔を1,160mm（スロ51は1,100mm）とし、12列定員48人の設計とした。後位の便・洗面所、乗務員室部分の長さは2,690mm（同2,305mm）に広げ、荷物保管室や乗務員室のスペースを拡大して執務環境を改善した。この座席配置はちょうど日本人乗客には適していたようで、このあとのスロ54からナロ10・20に続く特口でも踏襲された。

　座席間隔が広がったことから、スロ50以降で幅700mmになった窓は、再び1,000mmの広窓となり、吹寄幅は160mmに縮まった。座席はスロ51で使用したR12の回転台部分を若干改良したR13だが、大きな変化はない。

　問題の多かった洋式便所は、シスタン式からフラッシュバルブ式に改めて使用水量を抑制した。床下に設置する水タンクは、それまでの700ℓから950ℓに大型化し、欠水の防止を図った。

　スロ53は特口の代表形式になる

■スロ53形車歴表

新製				改造					改造・廃車			
番号	年月日	製造所	配置	最終配置	年月日	改造所	配置	形式・番号	最終配置	年月日	改造所	改造後
1	1951.8	近車	竜華	竜華	1963.10.9	高砂	竜華	スロフ5322	竜華	1972.2		廃車
2	1951.8	近車	竜華	竜華	1963.10.9	高砂	竜華	スロフ5323	竜華	1970.6.11	長野	オハフ41 101
3	1951.8	近車	都城	広島	1964.2.21	幡生	竹下	スロフ5330	鹿児島	1971.10.18		廃車
4	1951.8	近車	品川	竜華	1963.12.14	高砂	宮原	スロフ5325※1	金沢	1975.2.1		廃車
5	1951.8	近車	品川	竜華	1964.1.31	高砂	宮原	スロフ5326※2	金沢	1971.2.9		廃車
6	1951.9	近車	都城	盛岡	1961.9.29	盛岡	仙台	スロフ531	鳥栖	1968.9.25	小倉	マニ3761
7	1951.9	近車	都城	盛岡	1961.9.28	盛岡	仙台	スロフ532	竜華	1971.9.23		廃車
8	1951.9	近車	都城	盛岡	1961.10.7	盛岡	仙台	スロフ533	品川	1969.1.31	土崎	スユニ61 301
9	1951.9	近車	尾久	竜華	1961.11.30	高砂	金沢	スロフ5324※3	鳥栖	1971.12.14		廃車
10	1951.9	近車	尾久	品川	1963.3.31	大宮	品川	スロフ539	品川	1969.12.2	土崎	スユニ61 305
11	1951.8	日車	尾久	名古屋	1963.10.30	長野	名古屋	スロフ5319※4	名古屋	1972.2.1		廃車
12	1951.8	日車	名古屋	名古屋	1964.3.31	長野	名古屋	スロフ5321※5	名古屋	1972.3.21		廃車
13	1951.8	日車	尾久	（静）	1964.1.31	長野	沼津	スロフ5320※6	米原	1971.2.9		廃車
14	1951.8	日車	尾久	広島	1964.2.28	幡生	竜華	スロフ5328	竜華	1972.2		廃車
15	1951.8	日車	尾久	広島	1964.3.31	幡生	竹下	スロフ5329	竜華	1972.2		廃車
16	1951.8	日車	尾久	宮原	1963.3.23	高砂	向日町	スロフ5313	竹下	1968.9.27	小倉	マニ3764
17	1951.8	日車	品川	広島	1963.1.19	高砂	宮原	スロフ5314	鹿児島	1971.3.11		廃車
18	1951.8	日車	品川	広島	1964.3.20	幡生	広島	スロフ5327	竜華	1971.3.1		廃車
19	1951.8	日車	品川	向日町	1963.2.4	高砂	向日町	スロフ5315	向日町	1969.7.19	多度津	オハ41 454
20	1951.8	日車	品川	向日町	1963.3.26	高砂	向日町	スロフ5316	向日町	1969.6.30	多度津	オハ41 455
21	1951.8	日車	品川	向日町	1963.3.30	高砂	向日町	スロフ5317※7	金沢	1971.9.30		廃車
22	1951.8	日車	品川	向日町	1962.12.26	高砂	向日町	スロフ5318	広島	1971.3.30	幡生	オハ41 456
23	1951.8	日車	品川	品川	1962.12.10	大宮	品川	スロフ5310	品川	1969.6.6	長野	オハ41 451
24	1951.8	日車	品川	品川	1962.2.14	大宮	品川	スロフ5311	品川	1969.8.15	長野	オハ41 452
25	1951.8	日車	品川	品川	1963.1.18	大宮	品川	スロフ5312	品川	1969.9.3	長野	オハ41 453
26	1951.8	日車	宮原	品川	1963.3.6	大宮	品川	スロフ534	品川	1968.9.5	多度津	マニ37 2062
27	1951.8	日車	宮原	品川	1962.11.26	大宮	品川	スロフ535	品川	1969.2.14	土崎	スユニ61 302
28	1951.8	日車	宮原	品川	1962.9.20	大宮	品川	スロフ536	品川	1969.2.28	土崎	スユニ61 303
29	1951.8	日車	宮原	品川	1962.12.14	大宮	品川	スロフ537	品川	1968年度		廃車
30	1951.8	日車	宮原	品川	1963.3.20	大宮	品川	スロフ538	品川	1968.9.16	小倉	マニ3763

電暖改造（原番号＋2000番代）：※1 1966.11.21高砂工　※2 1966.12.22高砂工　※3 1966.12.28名古屋工　※4 1966.12.12名古屋工
※5 1967.3.31名古屋工　※6 1966.11.22名古屋工　※7 1966.11.30高砂工

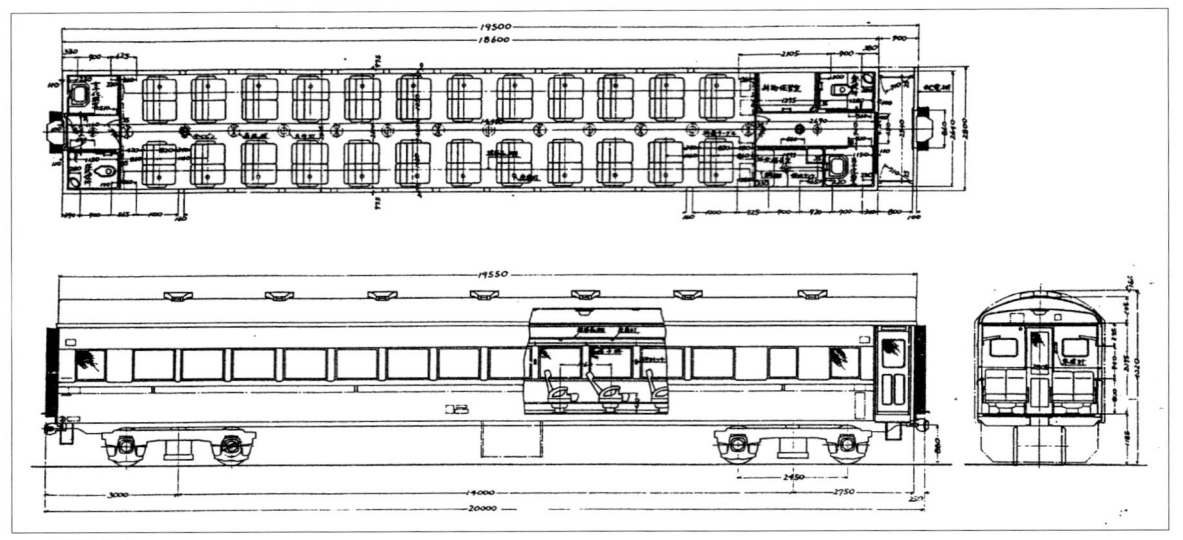

スロ53形式図

はずであったが、翌1952(昭和27)年度からの増備車が蛍光灯を装備してスロ54に形式変更されたことで、スロ50と同様に特ロ系列の中でやや中途半端なグループになっ

「はと」に連結されたスロ54。青大将色、特急用サボ受け付きである。　　　　　　　　　　　　　　　　　　P：鈴木靖人

た。1958(昭和36)年度からは全車が団臨用を想定してスロフへ改造されたが、冷房化対象から外れたことでその後は通勤車、マニ37、スユニ61などへ改造され、他は廃車になった。

■ 1-8. スロ54　蛍光灯採用で新形式に

・スロ53をベースに蛍光灯を採用、形式を分ける
・冷房改造では低屋根化、台車を振り替えて重量区分増加を防ぐ

　スロ53は30輌が新製されたが、それでも特ロは不足気味の状態が続いていた。当時の時刻表にはその月の列車ごとの混雑状況(乗車率)が表示されていた。3等が100%を超すのはうなずけるが、2等でも時には100%近い数字がある。これは平均値なので、日によっては座れない乗客も

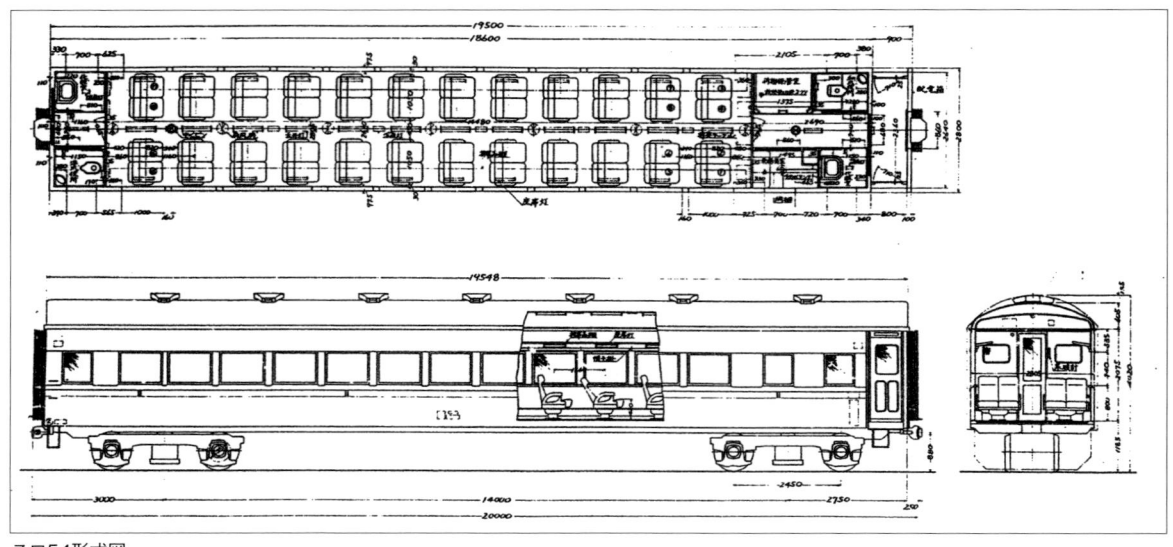

スロ54形式図

▲スロ54 33　スロ54が２輛連結された急行。「月光」「彗星」などか。　　　P：葛　英一

◀スロ54の室内。天井灯、座席灯に蛍光灯を採用した。
P：鈴木靖人

▼スロ54形初期車の座席灯は取り付け型だった。
P：鈴木靖人

出ていた。

　そこで増備は続けられたが、この時期に国鉄車輛は蛍光灯の取り付けが始まっていた。特ロは優等車であるから優先順位は高く、1953（昭和28）年度製の車輛から設置された。蛍光灯は白熱灯に比べ車内の明るさが３倍くらい向上し、乗客にサービス改善をアピールすることができた。このため国鉄は形式を別にしてスロ54とし、運用を分離して急行でも格の高い列車や、特急「かもめ」などに使用した。

　スロ54は、照明関係を除けばスロ53とほとんど変わら

■スロ54形車歴表　※1 冷房化によりマロ55形へ形式変更　※2 台車振替によりスロ54形へ形式変更（いずれも原番号のまま）

新製 番号	新製 年月日	製造所	配置	電暖改造 年月日	改造所	配置	番号	冷房改造 年月日	改造所	台車	振替車輛	最終配置	改造・廃車 年月日	改造所	形式・番号	配置	最終配置	廃車年月日
1	1952.12	日車	青森					1966.7.7	吹田	TR23E	オハ53 45	札幌	1969.10.24	五稜郭	スロ54 509	札幌	札幌	1983.2.4
2	1952.12	日車	青森					1966.6.17	吹田	TR23E	オハ53 46	札幌	1969.11.24	五稜郭	スロ54 510	札幌	札幌	1983.2.4
3	1952.12	日車	青森					1966.6.6.7	吹田	TR23E	オハ53 3	札幌	1969.12.5	五稜郭	スロ54 511	札幌	札幌	1975.6.5
4	1952.12	日車	青森					1967.1.31	幡生	TR23E	スロ43 2014	広島	1975.7.5		廃車			
5	1952.12	日車	青森					1967.3.31	幡生	TR23E	スロ43 2018	広島	1975.7.5		廃車			
6	1952.9	近車	品川					1967.3.28	小倉	TR23D	オハ53 15	早岐	1974.4.24		廃車			
7	1952.9	近車	品川					1966.10.26	小倉	TR23D	スロフ43 2002	函館	1968.11.16	五稜郭	スロ54 501	函館	函館	1976.2.25
8	1952.9	近車	品川					1967.7.19	小倉	TR23D	オハ53 35	札幌	1969.7.14	五稜郭	スロ54 507	札幌	札幌	1983.9.6
9	1952.10	近車	品川					1966.11.7	幡生	TR23D	スロフ43 2001	広島	1975.7.5		廃車			
10	1952.10	近車	品川					1967.5.12	小倉	TR23D	スハネ30 43	札幌	1969.4.28	五稜郭	スロ54 508	札幌	札幌	1983.9.6
11	1952.12	日車	品川					1967.5.29	長野	TR23D	スハ54 2020	竜華	1974.12.20		廃車			
12	1952.12	日車	品川					1966.5.23	長野	TR23D	オハ53 1	早岐	1975.2.24		廃車			
13	1952.12	日車	品川	1966.12.16	高砂	早岐	2013	1967.6.12	小倉	TR23D	スハネ30 37	宮原	1978.10.24		廃車			
14	1952.12	日車	竹下					1967.5.18	小倉	TR23D	スハネ30 33	函館	1969.2.28	五稜郭	スロ54 502	函館	函館	1976.2.25
15	1952.12	日車	竹下					1966.5.24	小倉	TR23E	オハ53 37	竜華	1974.12.20		廃車			
16	1952.9	近車	宮原					1966.7.4	長野	TR23D	オハ53 8	竜華	1974.10.1		廃車			
17	1952.9	近車	宮原					1966.7.15	名古屋	TR23E	オハ53 44	姫路	1974.10.1		廃車			
18	1952.9	近車	宮原	1966.9.19	大船	品川	2018	1967.1.14	大船	TR23D	スハネ30 12	宮原	1974.9.20		廃車			
19	1952.9	近車	宮原	1966.9.12	大船	品川	2019	1967.12.22	大船	TR23D	スハネ30 14	名古屋	1975.3.20		廃車			
20	1952.9	近車	宮原					1967.6.15	長野	TR23D	スハ54 2021	竜華	1974.12.20		廃車			
21	1953.2	近車	竹下	1966.9.21	大船	品川	2021	1967.6.29	小倉	TR23D	オハ53 50	宮原	1974.9.20		廃車			
22	1953.2	近車	竹下					1966.6.7	長野	TR23D	オハ53 2	宮原	1978.1.10		廃車			
23	1953.2	近車	竹下					1966.7.11	長野	TR23D	オハ53 36	姫路	1975.3.25		廃車			
24	1953.2	近車	竹下					1966.6.15	長野	TR23D	オハ53 3	宮原	1978.1.10		廃車			
25	1953.2	近車	竹下					1967.2.20	小倉	TR23D	スロ43 2019	函館	1969.2.4	五稜郭	スロ54 503	函館	札幌	1983.2.4
26	1953.2	日車	竹下					1964.7.29※1 小倉 / 1965.8.18※2 高砂		TR23D	スロ43 2004	長崎	1975.2.24		廃車			
27	1953.2	日車	竹下					1967.1.28	小倉	TR23E	スロ43 2055	札幌	1968.11.30	五稜郭	スロ54 504	札幌	札幌	1983.9.6
28	1953.2	日車	竹下					1967.3.24	小倉	TR23D	スロフ43 2003	札幌	1969.3.20	五稜郭	スロ54 505	札幌	札幌	1983.1.18
29	1953.2	日車	竹下					1964.7.29※1 小倉 / 1965.6.16※2 高砂		TR23D	スロ43 2051	向日町	1974.10.1		廃車			
30	1953.2	日車	竹下					1966.11.5	小倉	TR23E	スロフ43 2004	札幌	1968.12.23	五稜郭	スロ54 506	札幌	札幌	1983.2.4
31	1953.3	汽車	品川	1967.1.31	高砂	早岐	2031	1967.6.3	小倉	TR23D	スハネ30 41	宮原	1979.4.20		廃車			
32	1953.3	汽車	品川	1967.2.16	高砂	向日町	2032	1967.6.26	小倉	TR23D	スハネ30 45	宮原	1974.10.12		廃車			
33	1955.3.15	日支	宮原					1967.7.15	小倉	TR23D	オハ53 47	早岐	1975.2.24		廃車			
34	1955.3.15	日支	宮原					1967.7.11	小倉	TR23D	スハネ30 32	早岐	1974.4.24		廃車			
35	1955.3.19	日支	宮原					1967.7.5	小倉	TR23D	スハネ30 44	早岐	1974.10.3		廃車			
36	1955.3.19	日支	宮原	1966.9.29	大船	名古屋	2036	1967.6.14	名古屋	TR23E	オハ53 6	宮原	1978.5.11		廃車			
37	1955.3.24	日支	宮原	1966.11.4	大船	名古屋	2037	1967.7.7	名古屋	TR23D	オハ53 69	宮原	1979.4.20		廃車			
38	1955.3.24	日支	品川	1966.12.20	大船	名古屋	2038	1967.7.11	長野	TR23D	スハ54 2058	宮原	1978.5.11		廃車			
39	1955.3.24	日支	品川	1966.9.30	大船	名古屋	2039	1967.5.16	後藤	TR23D	スハネ30 27	名古屋	1975.3.20		廃車			
40	1955.3.24	日支	品川	1966.11.13	大船	名古屋	2040	1967.6.13	大船	TR23D	オハ53 49	鳥栖	1974.8.23		廃車			
41	1955.3.31	日支	品川	1966.12.24	大船	名古屋	2041	1967.7.20	長野	TR23D	スハ54 2059	名古屋	1983.6.27		廃車			
42	1955.3.31	日支	品川	1967.1.25	大船	名古屋	2042	1967.6.21	長野	TR23D	スハ54 2022	名古屋	1975.3.20		廃車			
43	1955.4.3	日支	品川	1966.10.1	大船	名古屋	2043	1967.7.19	長野	TR23D	スハ54 62	名古屋	1975.3.20		廃車			
44	1955.4.3	日支	品川	1967.3.3	大船	名古屋	2044	1967.7.4	長野	TR23E	スハ54 2057	名古屋	1975.3.20		廃車			
45	1955.4.3	日支	品川	1967.3.15	大船	名古屋	2045	1967.11.20	大船	TR23D	スハネ30 13	鳥栖	1974.8.23		廃車			
46	1955.4.25	日支	品川	1967.3.31	大船	名古屋	2046	1968.1.22	大船	TR23D	スハネ30 18	鳥栖	1974.10.3		廃車			
47	1955.4.25	日支	品川	1967.3.25	大船	名古屋	2047	1967.5.23	後藤	TR23D	スハネ30 31	名古屋	1983.6.27		廃車			

ない。蛍光灯だけで形式を改めるのは、いささか大げさな気もするが、運用を分離する前提なら、必要なことだった。1956（昭和31）年の東海道線全線電化に合わせて、特急「つばめ」「はと」用の客車は淡緑色に塗り替えるが、この時に特ロはスロ60からスロ54に置き替わった。外部塗色だけでなく、特急用のサボ受けも設けて整備した。

　細かい点では荷物ダナはステンレス管を並べて通した。座席灯はスロ54 33以降は埋め込みタイプになった。座席

冷房改造後のスロ54 501の室内。　　　　　　P：西野寿章

スロ54 502　冷房化後に寒地向け改造を受けて北海道に渡った。
1974.10.6　札幌運転区　P：藤井　曄

はスロ54 41以降の車輌は背ずりの形を変えて傾斜角度を若干深くし、座布団の中央部を膨らませたR14を設置した。

　スロ54は旧型特ロとしては完成形といってよく、1955（昭和30）年度までに47輌が作られ全国で活躍した。1966（昭和41）年度からは冷房改造され、さらに11輌は寒地向け改造されて北海道にも渡リ、後続のナロ10より長く、1982（昭和57）年度まで在籍した。スロ62と共に、34年間に渡った特ロの活躍の幕を閉じる形となった。

■ 1-9. ナロ10　軽量客車に展開、座席も簡略化

・車体構造を見直し、大幅な軽量化を達成
・車体幅を拡大、座席の回転機構を簡略化
・座席間隔、定員48人はスロ54から引き継ぐ
・青大将色で登場、特急に使用

　これまでの車輌構造を一変させる軽量客車が登場したのは1955（昭和30）年度で、３等車に続き３等寝台車も誕

ナロ10 33　「あさかぜ」使用のため、一般色で新製された。
1958.5.18　京都　P：筏井満喜夫

生、次々優等列車に投入された。1956（昭和31）年度からは蛍光灯が全面採用され、軽快なスタイルと合わせて乗客にアピールした。ところが２等車の方は、未だに輌数が足りずに戦前タイプの並ロを併結していたし、特ロも近代化改造前だったため、蛍光灯はスロ54だけ。他は白熱灯で座席を除けば新３等車に見劣りすると言われた。

　そこで1957（昭和32）年度に、特ロ不足の解消も狙い、軽量構造の特別２等車を新製することが決まった。こうして生まれたのがナロ10である。旧型特ロの使用実績と軽量車の成果を取り入れた車輌で、軽快かつ品位のある外観となり、筆者は個人的に戦後の国鉄客車の最高傑作と思い、大好きな車輌である。

　旧型特ロから引き継いだものは12列、定員48人の座席配置だが、自重は26t（スロ54は38t）と大幅に軽量化された。リクライニングシートも85kg（同110〜115kg）になる。読書灯は荷物ダナの下に自由に点滅できる10W白熱灯を取り付けた。

　小型のテーブルを座席ごとにひじ掛に差し込んで使用できるようにし、背ずりの後ろに設けたビニールの袋に、テーブルや新聞、雑誌を入れられるようにした。傾斜角度も

■ナロ10形車歴表

新製				冷房改造			廃車		
番号	年月日	製造所	配置	年月日	改造所	形式・番号	配置	年月日	最終配置
1	1957.10.7	日立	宮原	1967.7.18	多度津	オロ11 1	鹿児島	1974.12.2	鹿児島
2	1957.10.7	日立	宮原	1967.5.30	多度津	オロ11 2	竜華	1975.3.25	竜華
3	1957.10.7	日立	宮原	1967.6.17	幡生	オロ11 3	鹿児島	1975.3.10	竜華
4	1957.11.15	日立	宮原	1967.6.23	後藤	オロ11 4	鹿児島	1975.3.25	竜華
5	1957.11.15	日立	宮原	1967.6.24	後藤	オロ11 5	長崎	1975.2.24	長崎
6	1957.11.15	日立	宮原	1967.7.14	多度津	オロ11 6	鹿児島	1974.11.7	長崎
7	1957.11.18	日立	宮原	1967.7.22	多度津	オロ11 7	鹿児島	1975.2.24	長崎
8	1957.11.18	日立	宮原	1967.5.25	多度津	オロ11 8	鹿児島	1974.8.23	長崎
9	1957.11.18	日立	宮原	1967.6.24	幡生	オロ11 9	鹿児島	1974.11.4	鹿児島
10	1957.11.18	日立	宮原	1967.7.4	幡生	オロ11 10	鹿児島	1974.12.16	鹿児島
11	1957.11.22	日立	宮原	1966.11.15	小倉	オロ11 11	都城	1974.11.7	都城
12	1957.11.22	日立	宮原	1966.11.15	小倉	オロ11 12	都城	1974.11.7	都城
13	1957.11.22	日立	宮原	1966.12.19	小倉	オロ11 13	都城	1975.7.24	都城
14	1957.11.22	日立	宮原	1966.12.27	小倉	オロ11 14	都城	1975.6.5	都城
15	1957.12.8	日立	宮原	1967.1.21	小倉	オロ11 15	都城	1975.7.23	都城
16	1957.12.8	日立	宮原	1967.3.3	小倉	オロ11 16	都城	1974.12.11	都城
17	1957.12.8	日立	宮原	1967.5.24	多度津	オロ11 17	鹿児島	1974.12.17	鹿児島
18	1957.12.8	日立	宮原	1967.6.21	後藤	オロ11 18	鹿児島	1974.11.4	鹿児島
19	1957.12.10	日立	宮原	1967.6.10	多度津	オロ11 19	鹿児島	1974.11.4	鹿児島
20	1957.12.10	日立	宮原	1967.6.16	後藤	オロ11 20	鹿児島	1974.11.4	鹿児島
21	1957.12.10	日立	宮原	1967.7.4	後藤	オロ11 21	鹿児島	1975.1.28	鹿児島
22	1957.12.10	日立	宮原	1967.6.1	幡生	オロ11 22	鹿児島	1975.3.13	鹿児島
23	1957.12.10	日立	宮原	1967.7.9	幡生	オロ11 23	鹿児島	1975.1.30	鹿児島
24	1957.12.10	日立	宮原	1967.7.12	後藤	オロ11 24	鹿児島	1974.11.4	鹿児島
25	1957.12.10	日立	宮原	1967.6.8	後藤	オロ11 25	鹿児島	1974.12.3	鹿児島
26	1957.12.13	日立	宮原	1967.6.29	幡生	オロ11 26	鹿児島	1975.1.30	鹿児島
27	1957.12.13	日立	宮原	1967.6.28	後藤	オロ11 27	鹿児島	1974.11.4	鹿児島
28	1957.12.13	日立	宮原	1966.12.5	小倉	オロ11 28	都城	1975.8.10	都城
29	1958.2.14	日立	品川	1967.7.12	幡生	オロ11 29	鹿児島	1975.3.9	鹿児島
30	1958.2.14	日立	品川	1967.12.20	多度津	オロ11 30	品川	1975.5.29	品川
31	1958.2.14	日立	品川	1967.7.21	後藤	オロ11 31	品川	1975.2.11	品川
32	1958.2.14	日立	品川	1968.2.13	多度津	オロ11 32	品川	1975.2.11	品川
33	1958.2.14	日立	品川	1968.3.30	多度津	オロ11 33	品川	1975.3.10	竜華

ナロ10 19　ナロ10は新製時から青大将色で特急に使用された。特別２等制度が廃止され等級表示は「２等」になった。　　　　　　P：鈴木靖人

ナロ10 33の室内。網棚に座席灯を取り付けた。　　P：鈴木靖人

従来より大きくしてある。座席中心間隔はスロ54と同じ1,160mmで定員も48人と変わらないが、窓の幅は広窓の1.000mmから930mmと若干縮め、吹寄幅を230mm（スロ54は160mm）にひろげたため、側面の落ち着きが良くなった印象を与えた。

　大変わりしたのは車体構造で、ナハネで採用されたすそを絞る形態をとり、車体幅は2.9m（スロ54は2.8m）に拡大、通路の幅が広がった。

ナロ10形登場時の座席。背ズリに設けたビニール袋にはテーブルや新聞を入れた。　　　　　1957年　P：黒岩保美

差し込み式テーブルをつけた状態。　　　1957年　P：黒岩保美

　新開発したR15形回転腰掛は構造を一新した。それまでの特ロでは、座席を回転させるにつれて通路側へずらしていく偏心機構があり、複雑な形状をしていたが、車体幅が広がったことで単純な回転機構でも接触しなくなり、大幅に簡素化できた。それまで使っていたボールベアリングもなくなり、こうした改良によって大幅な重量の軽減を達成した。

　水タンクはスロ53以降に採用した950ℓの大型軽合金製水槽を取り付けた。特急使用を前提に、東京〜大阪間で途中給水をしなくてもすむ容量とした。台車は20系客車に使用するTR55系で、ナハやナハネに比べて軸バネを柔らかくしたTR55Bを使用した。

　ナロ10は新製後は、スロ54に代わり特急「つばめ」「はと」に使用されることになっていたため、1〜28は最初か

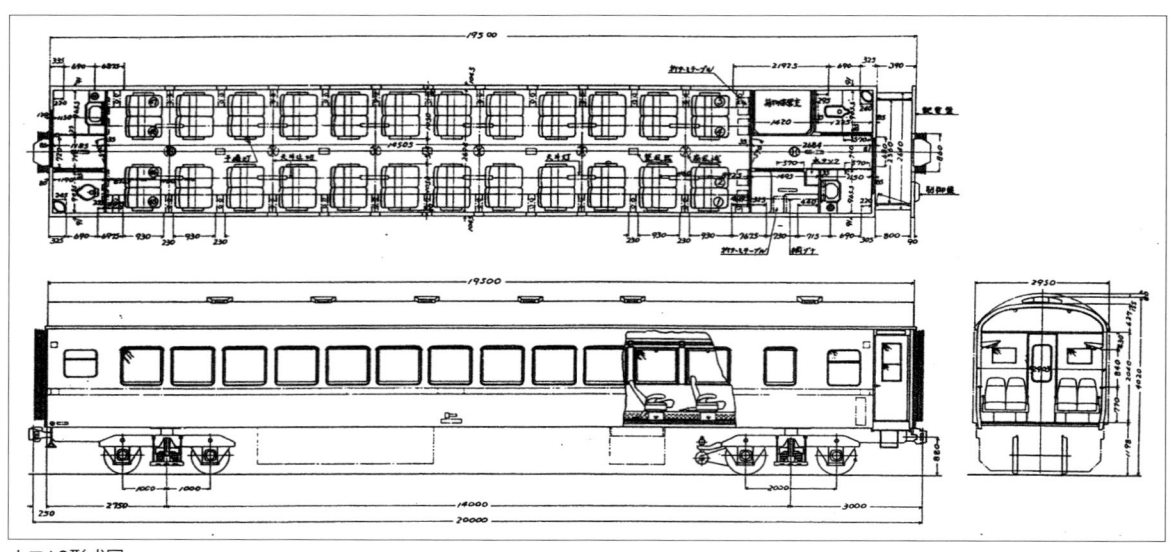
ナロ10形式図

ナロ10 1 ナロ10といえば九州急行。西鹿児島駅に到着した急行「高千穂」。
1961.7.26 西鹿児島
P：葛 英一

ら青大将色（淡緑色）に塗られて出場した。デッキ横上部には特急用のサボ受けを取り付けた。29～33は「あさかぜ」に使用する前提で、通常のぶどう色で出場、この時期の塗色ルールに合わせて帯に「II」の等級表示を入れた。

1958（昭和33）年10月のダイヤ改正では、東北方面に初の特急「はつかり」が運転されることになり、「あさかぜ」用だった29～33を「はつかり」に振り向けた。新製直後だったが、外部色は青15号にクリーム帯を付けた「はつかり」色に塗り替えた。この5輛では予備車が不足するため、ナロ10 28を宮原区から尾久区へ転属させた。当然、青大将色から「はつかり」色に塗り替えた。

■ 1-10. ナロ20　ブルートレインにも必要だった特ロ

- ・20系特急でも多かった座席使用ニーズに対応
- ・ナロ10の設計を準用、車体各部を軽量化
- ・台車は空気バネ付きのTR55系台車を装備
- ・「さくら」「はやぶさ」までは増備されるが、その後は全寝台車化
- ・余剰車はハネに改造

1958（昭和33）年は戦後の国鉄で大きな変革の年となった。東海道線に電車特急「こだま」が誕生、東京～博多間には「動くホテル」と呼ばれた20系特急「あさかぜ」が登場する。3等車まで全車に冷房を設置し、それまでの車輛のイメージを一変させた。「あさかぜ」編成には、2等座席車としてナロ20が組み込まれた。車輛の性格上、「特ロ」と呼ばれることはなかったが、設計思想、構造はそれまでの特ロの延長線にある。

「あさかぜ」は東海道線の全線電化に合わせた1956（昭和31）年11月改正で生まれた。当初は一般客車を使用、特ロにはその時点の最新型のスロ54が使われた。運転開始時の編成を見ると、通常の客車急行の連結順序とは逆に、特ロ、イネ、ロネが下りの東京寄りに連結されている。「つばめ」「はと」の客車特急は展望車が最後部にくるため、下りの向きをそろえたのだろうが、列車の組成上は何かと不便だったようで、1957（昭和32）年3月からは優等車を下りの先頭部分に連結する形態に変わった。

1958（昭和33）年に生まれた20系「あさかぜ」編成は、軽量化のメリットを生かして編成を増強したが、車種、編成順序は一般客車の時の編成をほぼそのまま踏襲、全て寝台車とはせず、2等および3等座席車を組み込んだ。

理由は2つある。「あさかぜ」は大阪を深夜の2時前後に通過する東京と九州を直結する使命の列車ではあるが、かなり途中区間の座席利用者が多かった。名古屋の発着時間は、下りで23時台だから、東京に出張してその日のうちに帰るビジネス客は十分利用できる。また九州島内は上下とも有効時間内で、こうした乗客には座席車が必要になる。1957（昭和32）年から連載が始まった松本清張の推理小説「点と線」は、事件のカギを握る男女が東京駅から「あさかぜ」に乗り込む場面が重要な伏線になるが、その後の捜査でこの2人は熱海で下車していたことが分かる。こうした特急の短距離の利用は当時から多かった。

もう1つの理由は企業や役所の出張規定にある。大企業の場合、出張に2等車の使用は可能だが、寝台車は認めないという制度が多かった。3等寝台車の登場は1955（昭和30）年からで、それまでは寝台車は2等以上だったから、一般社員には認めにくかったのだろう。3等寝台車が生まれると、乗車券を含めた料金は2等座席車より3等寝台車の方が安くなるが、この時点ではまだ規定の変更が間に合っていないため、座席車への需要が依然として続いていた。

ナロ20はそれまでの特ロの製作経験に、直前に生まれ

ナロ20の車内。出張者の利用も多かった。
1958.9.18　P：奥野利夫

ナロ20 53 「さくら」用に増備された2次車。3等級制末期で「2等」表示が残る。　　　　1964年　品川客車区　P：鈴木靖人

たナロ10の成果を取り入れている。特に軽量化が重要だった。20系客車は冷房装置を取り付けても、荷物車を除く全形式を「ナ」級に収めるのが前提で、各形式ごとに細かく重量積算をしている。「ナ」であるためには、積車状態の重量が32.49t以下にしなければならない。定員は48人で、乗客の重量を2.4t（1人平均50kgとして計算した）、水タンクを満水にして1tとすると、自重は29.09t以下が条件になり、車体各部で一層の軽量化が図られた。

■ナロ20形車歴表

新製				改造・廃車			
番号	年月日	製造所	配置	最終配置	年月日	改造所	形式・番号
1	1958.8.31	日車	品川	品川	1968.9.24	小倉	ナハネ20 501
2	1959.6.29	日車	品川	品川	1968.8.23	小倉	ナハネ20 502
3	1959.6.29	日車	品川	品川	1968.9.9	小倉	ナハネ20 503
4	1960.6.30	日車	品川	品川	1976.1.16		廃車
5	1960.7.12	日車	品川	品川	1975.5.20		廃車
51	1958.9.1	日立	品川	品川	1968.9.16	幡生	ナハネ20 506
52	1958.9.16	日立	品川	品川	1968.9.21	幡生	ナハネ20 507
53	1959.6.20	日立	品川	品川	1968.8.31	幡生	ナハネ20 508
54	1960.7.2	日立	品川	品川	1975.5.20		廃車

ところで出来上がったナロ20は車輌諸元表によると、自重は29.8～30tと記載されている。これでは上限を越えて「オロ」になってしまうが、どう調整したのだろうか。ナロは満席になることはないとして乗客重量を軽く算定したのだろうか、経緯は不明である。

ナロ20の設備はナロ10にほぼ準拠したが、特急車に合わせた改良が加えられた。座席はナロ10とほぼ同じもので、差し込み式のテーブルを設けた。座席の中心間隔は1,170mm（ナロ10は1,160mm）としたR16を採用した。

ナロ20はまず「あさかぜ」用に3輛、次いで「さくら」用に3輛、「はやぶさ」用に3輛と計9輛が作られたが、その後の特急増発には寝台車のみの製作となって、これ以上の増備はなかった。

20系特急は全て寝台車化される方針となり、1968（昭和43）年度に6輛がナハネ20 500代に改造された。残る3輛は引き続き「あさかぜ」に使用され、1975（昭和50）年度に廃車になって形式消滅した。

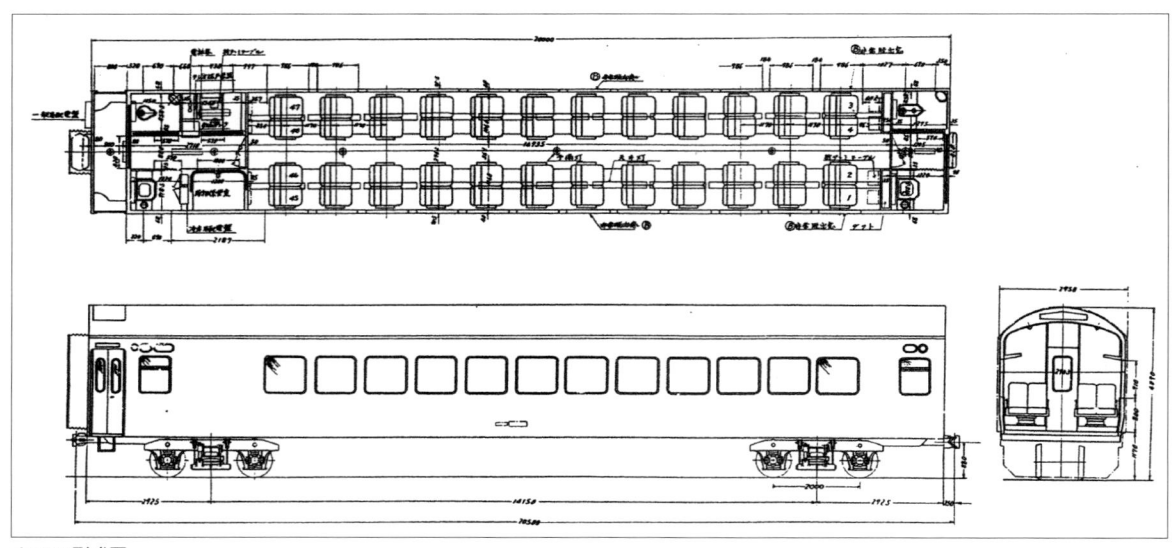

ナロ20形式図

オロ61 2023　電暖付きで登場したオロ61は東北線を中心に投入された。　1961.7.8　上野　P：葛　英一

■ 1-11. オロ61・オロフ61
電気暖房導入で必要になる新型特口

- ・電暖設備搭載が前提でオハ61を改造して増備
- ・東北地区に配備、非電暖特口を玉突き転配
- ・窓枠をアルミサッシ化、室内も近代化改造に準じて改良
- ・台車は軽量客車タイプのTR52Aを新製装備
- ・定員44人が復活、窓枠と座席配置が微妙にずれる
- ・非電暖車もわずかに生まれたが、後に電暖化

ナロ10、ナロ20で特口の新製が一段落した昭和30年代の前半に、特口を増備する必要性が生まれた。輸送需要は旺盛で、昼行、夜行を問わず、客車急行はなお増発、増結の時代だった。輌数不足で並口も使用していた急行列車はようやく特口で統一されたが、今度は優等列車全て、つまり準急列車にも特口をつなぐ営業政策が固まった。

その一方で新たな要因が出てきた。交流電化の進展である。1960（昭和35）年3月には東北本線黒磯〜福島間が交流電化され、客車の暖房に電気暖房が採用されることが決まった。この区間を走行する客車は全て、電暖設備を設置する改造が必要になるが、既存の特口では対応が難しかったのだ。

電気暖房は機関車から送られる交流電源を変圧器で降圧し、車内の電熱器に流して空気を暖める。設置場所は腰掛の下が原則だが、特口の場合はここに複雑な回転機構が置かれていて、暖房器を置く場所がない。軽量化した腰掛を採用したナロ10は可能だが、同車は特急に使用されていて、とても東北線の需要は賄えない。

そこでナロ10で開発された回転腰掛を備えた新しい特口を電暖設備付きで製作、これを東北地区に投入し、浮いた既存特口を各地の増発用に振り向ける案が決まった。

今後の車輌需給を念頭に、客車の新製は1959（昭和34）年で打ち切られていたため、新型特口は余剰が出ると思わ

■オロ61形車歴表①

オロフ61・スロフ62形は33頁参照

改造					冷房化改造				改造・廃車			
番号	年月日	改造所	種車	配置	年月日	改造所	形式・番号	配置	最終配置	年月日	改造所	形式・番号
2001	1959.10.29	長野	オハ61 69	尾久					尾久	1965.12.13	大宮	オロフ61 2010
2002	1959.11.7	長野	オハ61 736	長岡	1968.7.13	多度津	スロ62 2002	品川	長岡	1976.11.1		廃車
2003	1959.11.13	長野	オハ61 497	尾久	1968.5.14	多度津	スロ62 2003	品川	富山	1974.3.27	名古屋	スロ81 2119
2004	1959.11.18	長野	オハ61 943	尾久	1968.3.29	小倉	スロ62 2004	尾久	富山	1974.3.30	名古屋	スロ81 2120
2005	1959.11.24	長野	オハ61 536	尾久	1968.3.30	小倉	スロ62 2005	尾久	富山	1972.8.25	松任	スロ81 2108
2006	1959.11.27	長野	オハ61 405	尾久	1968.5.9	多度津	スロ62 2006	尾久	沼津	1972.9.25	松任	スロ81 2105
2007	1959.12.3	長野	オハ61 389	尾久	1968.5.12	幡生	スロ62 2007	尾久	竜華	1982.8.30		廃車
2008	1959.12.8	長野	オハ61 1026	仙台	1967.11.11	長野	スロ62 2008	金沢	金沢	1973.3.31	松任	スロフ81 2101
2009	1959.12.14	長野	オハ61 390	仙台	1967.11.28	長野	スロ62 2009	金沢	金沢	1970.2	長野	スロフ62 2027
2010	1959.12.19	長野	オハ61 526	仙台	1968.7.31	名古屋	スロ62 2010	金沢	富山	1972.3.28	松任	スロ81 2102
2011	1959.12.24	長野	オハ61 496	仙台	1968.3.19	幡生	スロ62 2011	沼津	沼津	1982.9.16		廃車
2012	1959.12.28	長野	オハ61 190	仙台	1968.6.21	名古屋	スロ62 2012	金沢	金沢	1972.3.23	松任	スロ81 2104
2013	1960.1.13	長野	オハ61 537	仙台	1968.3.26	小倉	スロ62 2013	名古屋	沼津	1972.8.25	松任	スロ81 2104
2014	1960.1.18	長野	オハ61 192	仙台	1968.7.12	名古屋	スロ62 2014	名古屋	金沢	1969.5.28	松任	スロフ62 2016
2015	1960.1.23	長野	オハ61 532	仙台	1968.5.28	幡生	スロ62 2015	名古屋	長岡	1976.11.1		廃車
2016	1960.1.28	長野	オハ61 396	仙台	1967.12.14	長野	スロ62 2016	福井	沼津	1972.9.25	松任	スロ81 2103
2017	1960.1.30	長野	オハ61 195	仙台	1968.7.10	後藤	スロ62 2017	秋田	秋田	1972.3.31	松任	スロフ62 2017
2018	1960.2.29	長野	オハ61 538	秋田	1968.5.29	後藤	スロ62 2018	名古屋	品川	1979.11.25	大宮	スロ81 2125
2019	1960.2.16	長野	オハ61 388	秋田	1968.5.15	長野	スロ62 2019	秋田	品川	1980.1.10	大宮	スロ81 2126
2020	1960.3.6	長野	オハ61 447	秋田	1968.6.18	後藤	スロ62 2020	名古屋	名古屋	1974.3.30	名古屋	スロ81 2110
2021	1960.3.30	長野	オハ61 854	秋田	1967.11.10	土崎	スロ62 2021	秋田	秋田	1983.8.5		廃車
2022	1960.10.29	長野	オハ61 268	尾久	1968.2.21	大宮	スロ62 2022	尾久	品川	1980.2.5	大宮	スロ81 2127
2023	1960.11.13	長野	オハ61 1008	尾久	1968.3.13	大宮	スロ62 2023	品川	品川	1980.3.4	大宮	スロ81 2128
2024	1960.11.15	長野	オハ61 324	仙台	1968.3.5	小倉	スロ62 2024	名古屋	大分	1980.5.2		廃車
2025	1960.11.25	長野	オハ61 452	仙台	1968.2.21	小倉	スロ62 2025	長野	大分	1980.5.2		廃車
2026	1960.12.11	長野	オハ61 317	土崎	1967.12.16	土崎	スロ62 2026	秋田	名古屋	1983.8.5		廃車
2027	1960.12.15	長野	オハ61 316	仙台	1968.2.24	盛岡	スロ62 2027	仙台	金沢	1972.10.3	松任	スロ81 2107
2028	1961.1.20	長野	オハ61 318	仙台	1968.6.4	後藤	スロ62 2028	仙台	金沢	1972.10.3	松任	スロ81 2106
2029	1961.1.28	長野	オハ61 453	仙台	1968.3.31	尾久	スロ62 2029	尾久	尾久	1975.4.30		廃車
2030	1961.2.9	長野	オハ61 989	尾久	1968.3.31	大宮	スロ62 2030	尾久	尾久	1975.4.30		廃車
2031	1961.2.13	長野	オハ61 451	尾久	1968.5.9	小倉	スロ62 2031	尾久	尾久	1975.4.30		廃車
2032	1961.2.18	長野	オハ61 990	尾久	1968.5.20	多度津	スロ62 2032	直江津	直江津	1980.1.10	長野	スロ81 2113
2033	1961.2.24	長野	オハ61 731	尾久	1968.6.5	多度津	スロ62 2033	直江津	直江津	1969.6.24	松任	スロフ62 2018
2034	1961.2.28	長野	オハ61 534	尾久	1968.5.24	多度津	スロ62 2034	金沢	金沢	1972.2.22	松任	スロ81 2101
2035	1961.3.14	長野	オハ61 338	尾久	1968.6.25	多度津	スロ62 2035	尾久	尾久	1975.4.30		廃車

改造				冷房化改造				改造・廃車			
番号	年月日	改造所	種車	配置	年月日	改造所	形式・番号	配置	最終配置	年月日	改造所	形式・番号

番号	年月日	改造所	種車	配置	年月日	改造所	形式・番号	配置	最終配置	年月日	改造所	形式・番号
2036	1961.6.16	長野	オハ61 336	福島	1968.7.17	後藤	スロ62 2036	青森	青森	1969.8.28	土崎	スロフ62 2019
2037	1961.6.17	長野	オハ61 846	福島	1967.12.12	盛岡	スロ62 2037	仙台	仙台	1976.7.23		廃車
2038	1961.6.26	長野	オハ61 789	福島	1968.1.9	盛岡	スロ62 2038	仙台	仙台	1976.7.23		廃車
2039	1961.7.5	長野	オハ61 796	秋田	1968.3.30	土崎	スロ62 2039	秋田	宮原	1974.3.28	名古屋	スロ81 2118
2040	1961.7.11	長野	オハ61 864	秋田	1968.8.12	多度津	スロ62 2040	尾久	尾久	1977.11.4		廃車
2041	1961.7.15	長野	オハ61 671	秋田	1968.5.28	多度津	スロ62 2041	尾久	函館	1975.5	五稜郭	スロ62 504
2042	1961.7.25	長野	オハ61 723	盛岡		新潟	スロ62 2042	新潟	新潟	1970.1.30	長野	スロフ62 2026
2043	1961.7.30	長野	オハ61 673	盛岡	1968.8.1	小倉	スロ62 2043	金沢	松任	1972.3.31	松任	スロ81 2103
2044	1961.8.1	長野	オハ61 535	盛岡	1968.2.15	小倉	スロ62 2044	品川	尾久	1975.4.30		廃車
2045	1961.7.28	長野	オハ61 196	青森	1968.5.30	小倉	スロ62 2045	金沢	金沢	1972.3.3	松任	スロ81 2102
2046	1961.6.30	長野	オハ61 674	青森	1968.6.11	後藤	スロ62 2046	向町	竜華	1982.8.30		廃車
2047	1961.8.5	長野	オハ61 862	青森	1968.5.18	後藤	スロ62 2047	向町	竜華	1982.8.30		廃車
2048	1961.8.9	長野	オハ61 992	青森	1968.7.20	後藤	スロ62 2048	向町	長野	1972.9.30	長野	スロ81 2107
2049	1961.8.14	長野	オハ61 787	青森	1968.6.29	後藤	スロ62 2049	向町	沼津	1982.9.16		廃車
2050	1961.8.18	長野	オハ61 197	青森	1968.8.5	後藤	スロ62 2050	向町	沼津	1982.9.16		廃車
2051	1961.8.23	長野	オハ61	青森	1968.7.2	名古屋	スロ62 2051	尾久	尾久	1971.11.4		廃車
2052	1961.8.31	長野	オハ61 110	青森	1968.2.29	小倉	スロ62 2052	青森	秋田	1983.11.1		廃車
2053	1961.9.9	長野	オハ61 253	青森	1968.2.13	幡生	スロ62 2053	青森	青森	1972.9.29	小倉	スロ81 2109
2054	1961.8.30	長野	オハ61 189	品川	1968.11.7	幡生	スロ62 2054	尾久	尾久	1978.9.30		廃車
2055	1961.9.4	長野	オハ61 202	宮原	1967.12.4	大宮	スロ62 2055	尾久	尾久	1974.3.31	長野	スロ81 2114
2056	1961.11.18	長野	オハ61 919	宮原	1967.12.26	長野	スロ62 2056	金沢	金沢	1983.11.1		廃車
2057	1961.11.24	長野	オハ61 921	宮原	1968.2.17	長野	スロ62 2057	福井	福井	1983.8.2		廃車
2058	1961.12.17	長野	オハ61 290	宮原	1968.2.29	長野	スロ62 2058	福井	金沢	1982.10.25		廃車
2059	1961.12.25	長野	オハ61 271	宮原	1968.1.23	長野	スロ62 2059	金沢	名古屋	1982.6.3		廃車
2060	1961.12.28	長野	オハ61 769	宮原	1968.3.29	長野	スロ62 2060	福井	福井	1983.11.1		廃車
2061	1962.1.19	長野	オハ61 650	宮原	1967.11.30	多度津	スロ62 2061	宮原	名古屋	1983.11.1		廃車
2062	1962.1.31	長野	オハ61 651	宮原	1967.12.16	多度津	スロ62 2062	宮原	宮原	1978年度	高砂	スロ81 2123
2063	1962.2.7	長野	オハ61 652	宮原	1968.1.11	多度津	スロ62 2063	宮原	宮原	1969.7.15	高砂	スロフ62 2020
2064	1962.2.14	長野	オハ61 653	宮原	1968.1.23	多度津	スロ62 2064	宮原	宮原	1969.8.30	高砂	スロフ62 2021
2065	1962.2.20	長野	オハ61 660	宮原	1968.2.23	多度津	スロ62 2065	宮原	宮原	1969.9.4	高砂	スロフ62 2022
2066	1962.2.27	長野	オハ61 920	宮原	1967.10.26	多度津	スロ62 2066	宮原	宮原	1969.12.15	高砂	スロフ62 2029
2067	1962.3.6	長野	オハ61 329	宮原	1968.2.28	多度津	スロ62 2067	宮原	宮原	1974.3.31	長野	スロ81 2108
2068	1962.3.13	長野	オハ61 95	宮原	1967.11.18	多度津	スロ62 2068	宮原	宮原	1967.11	高砂	スロフ62 2029
2069	1962.3.20	長野	オハ61 22	宮原	1967.11.9	多度津	スロ62 2069	宮原	宮原	1972.9.9	小倉	スロ81 2111
2070	1962.3.28	長野	オハ61 607	宮原	1968.3.30	多度津	スロ62 2070	宮原	宮原	1978年度	高砂	スロ81 2124
2071	1962.3.30	長野	オハ61 315	宮原	1968.3.9	多度津	スロ62 2071	宮原	長岡	1976.11.1		廃車
2072	1962.5.30	長野	オハ61 608	青森	1968.7.5	多度津	スロ62 2072	青森	尾久	1975.4.30		廃車
2073	1962.6.4	長野	オハ61 107	青森	1968.3.31	幡生	スロ62 2073	青森	沼津	1982.9.16		廃車
2074	1962.6.9	長野	オハ61 116	青森	1968.6.1	多度津	スロ62 2074	青森	青森	1981.1.23		廃車
2075	1962.6.14	長野	オハ61 126	青森	1968.1.18	幡生	スロ62 2075	青森	青森	1972.9.29	小倉	スロ81 2106
2076	1962.6.18	長野	オハ61 555	青森	1968.5.16	多度津	スロ62 2076	青森	名古屋	1983.6.27		廃車
2077	1962.6.22	長野	オハ61 203	青森	1968年度	多度津	スロ62 2077	青森	青森	1969.7.24	土崎	スロフ62 2023
2078	1962.6.27	長野	オハ61 106	青森					青森	1965.8.3	土崎	オロフ61 2011
2079	1962.6.30	長野	オハ61 103	青森					青森	1965.9.5	土崎	オロフ61 2012
2080	1962.7.6	長野	オハ61 347	青森					青森	1965.8.19	土崎	オロフ61 2013
2081	1962.7.11	長野	オハ61 670	青森					青森	1965.9.22	土崎	オロフ61 2014
2082	1962.6.16	長野	オハ61 546	青森					青森	1965.10.8	土崎	オロフ61 2015
2083	1962.7.20	長野	オハ61 547	青森	1968.3.15	幡生	スロ62 2083	青森	青森	1972.9.29	小倉	スロ81 2112
2084	1962.7.26	長野	オハ61 204	青森	1968.1.18	幡生	スロ62 2084	青森	青森	1972.9.21	小倉	スロ81 2111
2085	1962.7.30	長野	オハ61 241	青森	1968.2.6	幡生	スロ62 2085	青森	青森	1972.9.25	小倉	スロ81 2110
2086	1962.8.3	長野	オハ61 242	青森	1968.1.24	幡生	スロ62 2086	青森	名古屋	1983.6.27		廃車
2087	1962.8.8	長野	オハ61 119	尾久	1968.2.12	小倉	スロ62 2087	尾久	尾久	1975.4.30		廃車
2088	1962.8.13	長野	オハ61 123	尾久					尾久	1964.12.7	松任	オロフ61 2004
2089	1962.8.17	長野	オハ61 679	尾久					尾久	1964.11.14	松任	オロフ61 2005
2090	1962.8.23	長野	オハ61 128	尾久	1967.12.27	小倉	スロ62 2090	尾久	尾久	1974.3.31		廃車
2091	1962.8.31	長野	オハ61 128	尾久	1968.8.7	多度津	スロ62 2091	尾久	尾久	1969.8.13	大宮	スロフ62 2024
2092	1962.8.27	長野	オハ61 545	尾久	1968年度	多度津	スロ62 2092	尾久	尾久	1980.9.19		廃車
2093	1962.9.6	長野	オハ61 754	尾久	1968.8.15	大宮	スロ62 2093	尾久	姫路	1974.3.7	名古屋	スロ81 2117
2094	1962.9.12	長野	オハ61 755	尾久	1967.12.12	大宮	スロ62 2094	尾久	尾久	1974.3.31	大宮	スロ81 2116
2095	1962.9.14	長野	オハ61 814	尾久	1968.6.29	多度津	スロ62 2095	尾久	尾久	1969.7.7	大宮	スロフ62 2025
2096	1962.10.5	長野	オハ61 252	尾久	1968.1.23	大宮	スロ62 2096	尾久	函館	1975.5	五稜郭	スロ62 505

改造				冷房化改造				改造・廃車			
番号	年月日	改造所	種車	配置	年月日	改造所	形式・番号	配置	最終配置	年月日	改造所	形式・番号

番号	年月日	改造所	種車	配置	年月日	改造所	形式・番号	配置	最終配置	年月日	改造所	形式・番号
101	1960.7.29	長野	オハ61 853	宮原	1968.1.27	小倉	スロ62 101	長野	函館	1969.12.24	五稜郭	スロ62 503
102	1960.8.15	長野	オハ61 394	宮原	1968.5.24	長野	スロ62 102	函館	函館	1969.6.21	五稜郭	スロ62 502
103	1960.8.19	長野	オハ61 200	宮原					長野	1964.10.24	松任	オロフ61 2006
104	1960.8.27	長野	オハ61 81	宮原					名古屋	1964.11.10	松任	オロフ61 2007
105	1960.8.31	長野	オハ61 62	宮原					名古屋	1964.10.30	松任	オロフ61 2008
106	1960.9.13	長野	オハ61 267	宮原	1968.6.29	長野	スロ62 106	函館	函館	1969.6.7	五稜郭	スロ62 502
107※1	1961.9.14	長野	オハ61 801	品川	1968年度	多度津	スロ62 2107	尾久	尾久	1980.10.9		廃車
108※2	1961.9.26	長野	オハ61 945	品川	1968.8.1	小倉	スロ62 2108	金沢	福井	1983.11.1		廃車
109※3	1961.9.20	長野	オハ61 550	品川	1968.6.25	小倉	スロ62 2109	品川	大宮	1970.1.12	大宮	スロフ62 2030
110※4	1961.9.30	長野	オハ61 800	品川	1968.7.28	幡生	スロ62 2110	品川	函館	1975年度	五稜郭	スロ62 506
111※4	1961.10.5	長野	オハ61 815	品川	1968.8.6	幡生	スロ62 2111	品川	品川	1970.1.19	大宮	スロフ62 2031
112※5	1961.10.11	長野	オハ61 383	名古屋	1968.1.23	小倉	スロ62 2112	名古屋	名古屋	1974.3.18	名古屋	スロ81 2109
113	1961.10.20	長野	オハ61 191	名古屋					名古屋	1964.11.25	松任	オロフ61 2009
114※5	1961.10.23	長野	オハ61 193	名古屋	1968.3.12	小倉	スロ62 2114	名古屋	長野	1969年度	長野	スロフ62 -
115※5	1961.10.31	長野	オハ61 917	名古屋	1968.7.30	長野	スロ62 2115	名古屋	名古屋	1980.3.21	大宮	スロ81 2114

電暖改造(原番号+2000番代):※1 1962.8大宮工(尾久配置)　※2 1962.9大宮工(金沢配置)　※3 1962.9大宮工(品川配置)　※4 1962.10大宮工(品川配置)　※5 1963年度松任工(名古屋配置)　※6 1963年度松任工(長野配置)

れたオハ61を種車に改造することにした。オハ61は戦後の輸送事情を勘案して定員を88人としたため、幅1mの広窓が12個並んでおり、改造コストを下げるために窓割リはそのまま残した。前位の出入口はふさぎ、洋式便所と洗面所を設置した。後位の便所(和式)と洗面所はそのまま残し、荷物室・乗務員室と客室仕切りを設けた。

この結果、客室の窓は11個となり、座席もこれを勘案して11列としたため、定員は44人となり、特口第1号のスロ60と同じゆったりした座席間隔が復活した。ただ両端の座席は向きによっては仕切り板と接近して足が伸ばせないため、座席間隔を1,270mmとして両端のスペースを生み出した。窓の中心間隔は1,335mmなので、座席列と窓の数は一致しているが、間隔は微妙にずれが生まれている。

窓枠はアルミサッシに取り替えたほか、室内の化粧板、蛍光灯の設置などは、当時実施していた特口の近代化改造に準じて設備を改良した。60系客車の蒸気暖房は高圧式で、1959(昭和34)年度改造車はそのまま使用したが、翌年度改造車からは大気圧方式に改善している。

鋼体化改造車なので種車に付いている台車は木造車時代からの釣り合いばり式TR11だが、これは優等列車の特口にはふさわしくない。軽量客車用のTR50を旧型の台枠に合わせて改良したTR52(オハニ36に使用)が作られていたので、これを改良したTR52Aを新製し装備した。

オロ61は1959(昭和34)〜62年度に111輌が生まれ、特口では最大輌数の形式になった。原則は電暖付きだが、一部は電暖を使用しない名古屋、長野地区に投入されるため、準備工事にとどめた非電暖車を15輌製作、こちらは

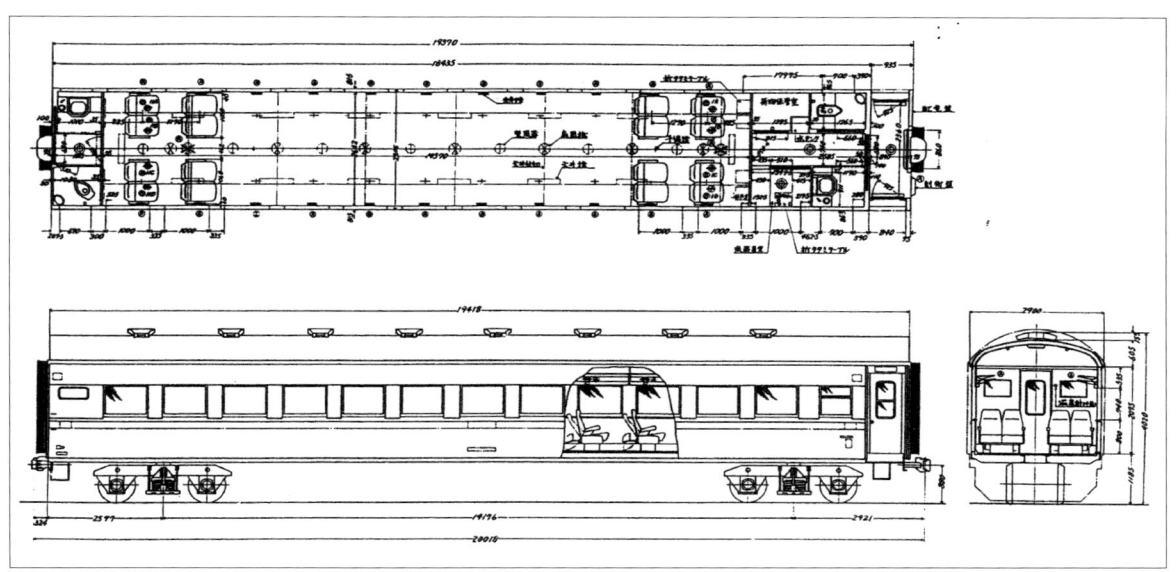

オロ61形式図

100番代として区別した。この100番代車は、その後に電暖改造を受けたが、一部は非電暖車のままで残った。

　1961(昭和36)年度末で、一般用の特ロ(ナロ20を除く)は296輌となり、北海道地区の準急を除き、急行・準急列車の1等車は全て特ロに置き換わった。しかしこの時点でも団体用には古いタイプの並ロを充当していたため、1962(昭和37)年度計画でさらに27輌のオロ61・オロフ61を改造で生み出すことにした。ちょうど同年度には常磐線水戸電化に合わせてこちらにも電気暖房が導入されるため、電暖付きのオロ・オロフを製作して常磐線経由の急行に使用していた非電暖車を捻出、これを団体列車に振り向けることになった。

　特ロ・ロフの新製・改造はこの年度が最後となり、年度末の輌数はナロ20を含めて333輌となって、最盛期を迎える。

　オロ改造の過程でオロフ61が3輌登場した。団臨用のロフに33輌が必要となり、スロフ53への改造で30輌が生

▲オロ61 104　15輌は非電暖車として登場、名古屋地区などに配置された。
1964.2.16　名古屋客貨車区
P：豊永泰太郎

◀オロ61 2077の室内。座席と窓が微妙にずれている。
P：鈴木靖人

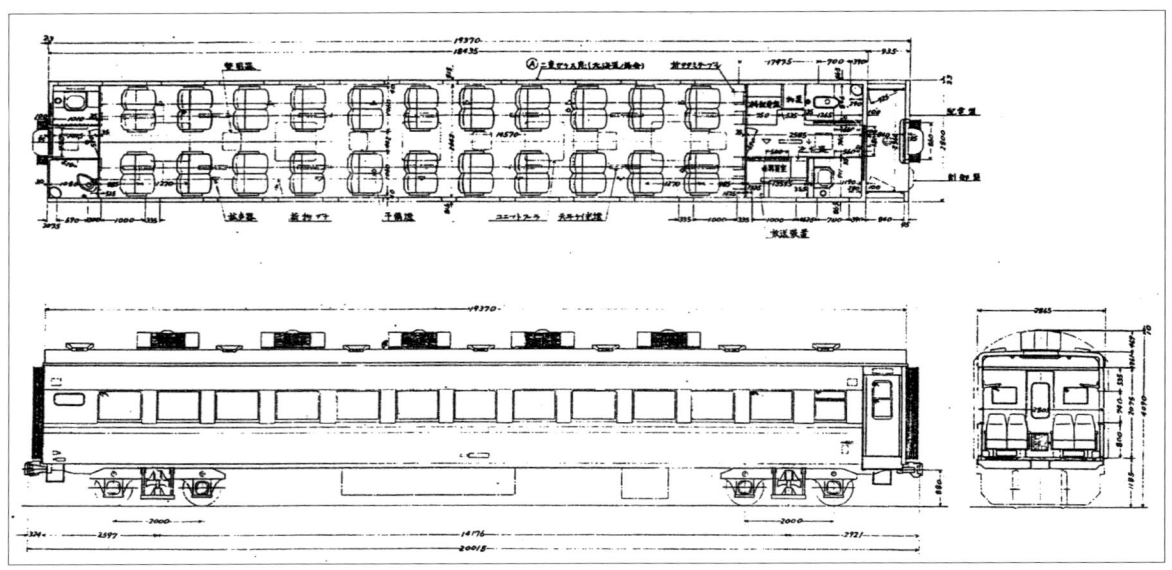

スロ62形式図

◀ **オロフ61 2001** 団臨用に
オハ61からの改造でオロフが
3輌作られたが、その後オロ
からの改造で増備された。
1962.9.28 尾久客車区
P：片山康毅

▼ **スロ62 503** 冷房改造に
よってスロ62に形式変更し
た。 1975.9.13
函館運転所 P：和田 洋

まれるため、不足する3輌をオロ61と同様にオハ61から
の改造でまかなうことになる。オロフはその後も増備の必
要があり、1964(昭和39)、1965(昭和40)年度に合計12輌
がオロ61から改造された。

オロ61とオロフ61はスロ54などと共に冷房改造の対象
になるが、主に東北方面に使用されていたために改造時期
はやや遅れて1967(昭和42)、1968(昭和43)両年度にまと
めて実施された。

ロフは非冷房車が廃車になったこともあり、1969(昭和
44)年度にさらに18輌がスロ62から改造され、スロフ62は
結局33輌に達した。

■スロ62形500番代車歴表

改造					廃車	
番号	年月日	改造所	種車	配置	年月日	最終配置
501	1969.6.21	五稜郭	スロ62 102	函館	1980年度	函館
502	1969.6.7	五稜郭	スロ62 106	函館	1981.3.23	函館
503	1969.12.24	五稜郭	スロ62 101	函館	1981.1.31	函館
504	1975年度	五稜郭	スロ62 2041	函館	1981.3.23	函館
505	1975年度	五稜郭	スロ62 2096	函館	1980.6.10	函館
506	1975年度	五稜郭	スロ62 2110	函館	1981.3.18	函館

1971(昭和46)年度以降はスロ62形6輌が寒地向改造を
受け500番代になったほか、スロ・スロフともお座敷客車
への改造対象となり、スロ81・スロフ81へ合計42輌が改
造された。変わったところでは1975(昭和50)年度にスロ
フ62 2006が試験車スヤ61 2001に、スロフ62 2013が教習
車オヤ61 2021に改造された。それ以外の車輌は順次廃車
になり、1982(昭和57)年で形式消滅した。

■ 1-12. 特ロの塗色と標記
たびたびの変更と塗り替え

　車輌の塗色と標記は規程によって決められているが、戦後の国鉄ではたびたび修正があった。さらに特ロに大きく影響する等級制度自体が3等級→2等級→モノクラス（グリーン車）と変遷するため、それに合わせた標記の変更もあって、いささか複雑である。順を追って変化をトレースしてみよう。

●**1949（昭和24）年**　特ロが登場する時期の客車の塗色はぶどう色1号、等級帯は青色である。等級帯にはローマ数字で2等（Ⅱ）の表示がされている。車輌番号は車体中央だが、上段に形式記号、下段に形式・車輌番号と2段に分かれる。所属標記は車輌番号の横にこちらも2段で記載された。形式や自重、換算輌数、検査標記は側面右下にまとめて置かれ、妻面は標記類がない。当時も自重はトン標記だが、小数点第2位まで記載し、単位は漢字の「噸」を使用した。

●**1952（昭和27）年**　車輌番号が1段となり、形式記号を番号の左側に記載する。形式番号と車輌番号の間に若干のすき間を設け、現在の標記スタイルにつながっていく。所属標記も1段にしたうえで、車輌番号の上に記載した。

●**1956（昭和31）年**　東海道線の全線電化に合わせて特

デッキ上の表示灯に「特別2等」、後位デッキそばに各種標記を付けたスロ60形。　　　　1950.8.9　宮原　P：伊藤　昭

急「つばめ」「はと」用の車輌が淡緑5号（いわゆる青大将色）に塗り替えられる。また車輌番号は従来通り車体中央部に記載したが、それ以外の所属標記や自重、検査標記などは全て妻面に移して、車体外観をすっきりさせた。特急用車輌のこのスタイルはその後も踏襲され、客車以外の電車、気動車にも採用された。

●**1958（昭和33）年**　特急「あさかぜ」用に20系客車が登場、青15号にクリーム色の帯を付け、「ブルートレイン」の愛称のもととなる。同時に生まれた東北特急の「はつかり」も青塗色にクリーム帯になった。

●**1959（昭和34）年**　客車の塗色がぶどう色1号から、やや明るいぶどう色2号に変更になる。所属標記は車体隅になったほか、等級帯にあったローマ数字の等級表示が廃止された。かわりにデッキ横に洋数字で等級を示すことに

▲「はつかり」色に塗り替えられたナロ10 30。
　　　1960.5.3　尾久客車区
　　　　　　　P：中村夙雄

▶青大将色に塗り替えられたスロ54 42。形式・番号以外の標記類が妻面に移された。
　　　　　　　P：鈴木靖人

なるが、デッキ上部に等級表示灯（通称アンドンといった）が設置してある車輌は洋数字を付けなかった。特ロは全車がアンドン付きだったため、洋数字のある特ロは原則は存在しない。なおアンドンの表示は当初は「特別２等」だったが、同制度が廃止になって以降は「２等」に変わる。形式、自重、換算輌数、検査標記はまとめて妻面に移り、自重は少数第１位まで、単位はアルファベットの「t」に変わる。

●**1960（昭和35）年**　戦前からの３等級制が見直され、２等級制に変わる。特ロは「１等車」になり、アンドン標記も変更された。

●**1961（昭和36）年**　１等の等級帯が青色から淡緑色に変わる。

●**1964（昭和39）年**　客車の塗色が見直され、青15号を採用する。塗り替えの対象は10系軽量客車と戦後製旧型客車のうち近代化改造を受けた車輌と決められた。特ロは昭和30年代に改造を受けているため、順次塗り替えられていった。

●**1969（昭和44）年**　モノクラス制となり、１等車は「グリーン車」と変わる。アンドン標記は書き換えられたほか、デッキ横にグリーンマークが付けられた。

●**1978（昭和53）年**　合理化のため、等級帯の塗り分けを取りやめる。グリーン帯のないグリーン車はいささか間延びしたもので、経営が悪化してきた国鉄の状況を象徴するような出来事だった。

1969年の等級制廃止に伴い、アンドンは「グリーン車」となり、表示マークが付いた。スロフ51 2027。
　　　　　　　　P：鈴木靖人

等級帯を塗りつぶした末期のスロ54 2047。
　　　1982.1.6　蟹江　P：勝村　彰

2. 特ログループの改造車

■ 2-1. 近代化改造
並ロのレベルアップで繰り上げ実施

敗戦で荒廃した車輌を抱えて出発した国鉄は、まず状態を平均水準に戻すことを狙って「更新修繕」を実施した。1955（昭和30）年度以降はこれをさらにレベルアップし、室内設備とサービスの向上を狙った改良に乗り出す。具体的には照明を蛍光灯に切り替え、ニス塗の室内を化粧板に取り替える。さらに窓枠にアルミサッシを取り付けると、車輌は一気に若返った。当初は従来通り「更新修繕」と呼んでいたが、1963（昭和38）年度から始まったスハ43系2等車への改良以降、これを「近代化改造」と称するようになり、それ以前の改良についてもこの言葉にまとめた。本書も分かりやすい「近代化改造」を使う。

まず対象になったのは並ロのグループの戦前製オロ35で、これには特ロの存在が影響した。特ロと並ロでは格差があったうえに、電車、気動車を含めて3等車のレベルが向上してくると、戦前製の並ロには乗客の不満が寄せられるようになったためだ。

1956（昭和31）年度にオロ35はほぼ全車が改良され、国鉄は次に他の並ロに実施する計画だったが、今度は並ロが良くなりすぎて、白熱灯車が大半だった特ロが見劣りす

青塗色になったスロ50 9。出入りロドアも2段窓に取り替えている。　　　　　　1966.6.26　品川客車区　P：豊永泰太郎

るという問題が発生した。そこで国鉄は方針を変更し、1957（昭和32）年度から特ロを順次近代化することにした。

改造は1962（昭和37）年度まで続き、スロ54、ナロ10を除く全車輌で実施された。内容はオロ35と同様に、蛍光灯、化粧板、アルミサッシの取り付けで、蛍光灯は直管タイプを採用した。電源は400VAの発電機を床下に取り付けた。荷物棚下には座席ごとに白熱灯のスポットライトを設置した。この改造によって特ロは新車に比べてもそん色ないレベルに向上、サービス改善に貢献した。

内装、照明の改良が工事の中心だが、これに合わせて細かい設備の改善も行っている。便・洗面所の窓は上昇式1

スロ52は内側の二重窓もサッシ化された。スロ52 6。
　　　　1962.7.22　釧路
　　　　　P：葛　英一

近代化改造後のスロ51 17。伊豆方面の週末準急「十国」に組み込まれた。
　　　　1963.4.28　大船
　　　　　P：和田　洋

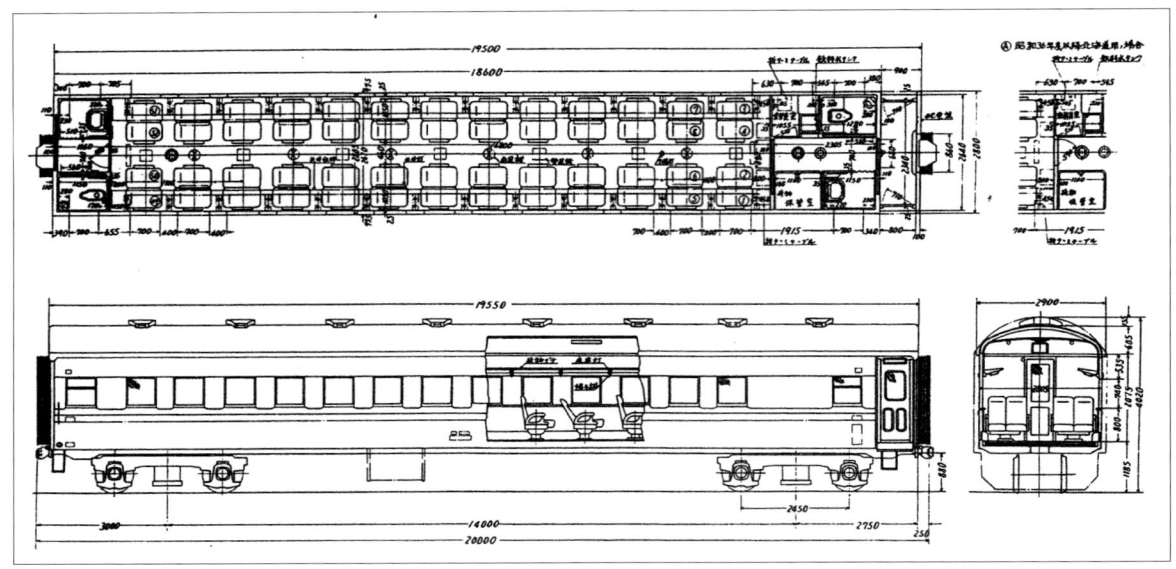

スロ51・52（近代化改造後）形式図

枚窓から、固定式で上部が折れ曲がるタイプに変わった。またスロ60の場合、登場時に2ヶ所の便所は便器を斜めに設置していたのを、通常の通路に平行の形に改めた。後位側は狭かったので洗面所と位置を入れ替えている。

スロ50と60はドアをプレス製2段昇降窓に取り替えた。両形式は冷房準備工事を施工していたが、この時に送風用のダクトなど関連設備は撤去して、天井は他の特ロと同様のものに改めた。前後の屋根にあった空気調和装置点検用の蓋もなくなり、外見上ははっきりした変化になった。

■ 2-2. 冷房化の要請と対象形式の選別
1年で消えたマロ55

1965（昭和40）年前後から、国鉄車輌の冷房化が議論になっていく。それまでは、特急用と1等寝台車、食堂車が冷房車だったが、これを特ロと2等寝台車に拡大しようというプランだ。特ロについては、全車を対象にするか、一部の形式にとどめるかが焦点になった。常に不足気味だった特ロも、このころには余剰感も出てきており、今後の車輌需給を勘案した検討が進んだ。

1965（昭和40）年7月に国鉄は全国の客車運用担当者を集めた転配属会議を開いた。その席で本社から示された方針は、改造する対象はナロ10、スロ52、スロ54、オロ61とスロフ53、オロフ61の6形式、236輌とし、1966（昭和41）年度から順次実施していくというものだった。

全車を改造せず、どこかで線を引くとすれば、常識的な区分けである。広窓車のスロ53（改造でスロフ53に）以降で区分し、それ以前の狭窓車や鋼体化改造車は冷房化せず、電気暖房を取り付けて団体用に振り向ける。また一部で残っている普通列車の2等車（並ロ）を特ロに置き替え、普通2等車を全廃する方針だった。この時点で既に、特ロにはかなりの余剰が発生していた。狭窓車では唯一スロ52が入ったが、寒地向け車輌では他形式がなかったの

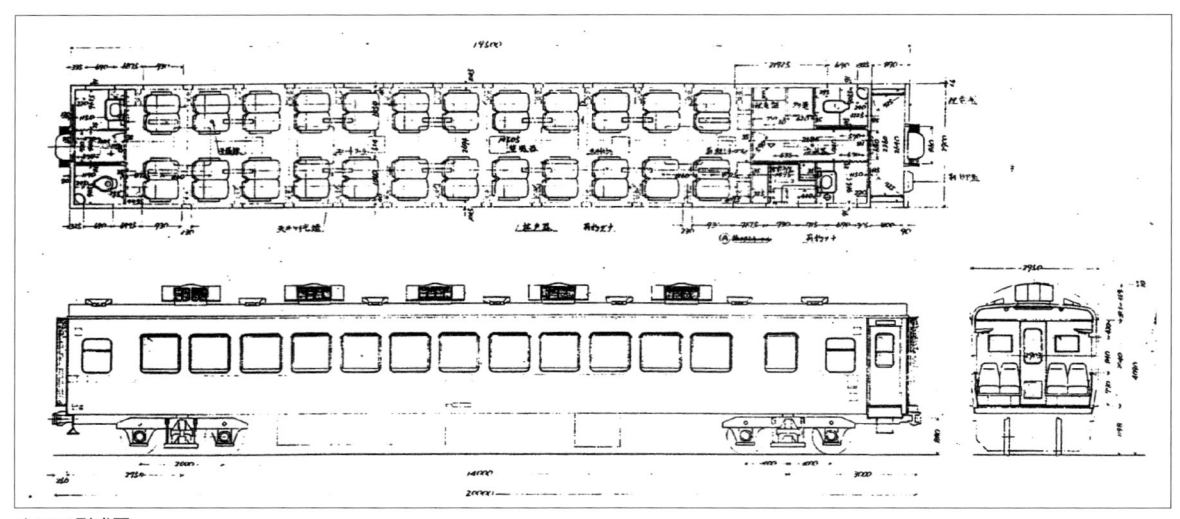

オロ11形式図

30

◀冷房改造で登場したマロ55
形。1年でスロに戻ったため
写真は少ない。マロ55 26。
　　　　1965.3.30　広島
　　　　　　P：菅野浩和

▼台車をTR23に振り替えて
元の形式に戻したスロ54 26。
長崎客貨車区　P：西野寿章

で、ある意味では当然だった。

　冷房化改造は計画通り1966（昭和41）年度から始まり、1968（昭和43）年度まで行われるが、実際の施工輌数は4形式194輌に縮小された。外されたのはスロ52とスロフ53で、スロ54などを寒地向け改造することになった。

　スロフ53は微妙な位置にある。車内設備などはスロ54と大差なく、形式を分ける理由だった蛍光灯の有無は、その後の近代化改造でとりつけられて、差がなくなっていた。使い勝手の良いスロフという車種の優位性を考えれば、スロ54を若干削ってでも、対象にしてもおかしくなかったと思うが、結局は製造年次の数年の差が災いして冷房化されず、改造、廃車に向かっていった。

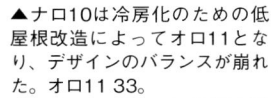

▲ナロ10は冷房化のための低屋根改造によってオロ11となり、デザインのバランスが崩れた。オロ11 33。
　　　　竜華　P：西野寿章

　実施に先立ち1964（昭和39）年度にスロ54 26・29に試験的に冷房を取り付けた。床下設置型のAU21形を取り付け、急行「玄海」に使用した。重量が増加してマロ55に形式変更になったが、マロは重すぎて運用上は不便になり、翌年度に台車をTR23に振り替えて再びスロ54に戻った。

　1966（昭和41）年度からの本格改造では床下型は採用せず、電車などで急速に増加していた屋根上のユニットクーラーを取り付けた。このため冷房対象車はいずれも屋根を切り取ってクーラーを乗せるスペースを生み出し、外観は大きく変わった。

▶本格改造後のスロ54。屋根上にユニットクーラーを設置した。スロ54 2041。
　　　　1975.3.21　蟹江
　　　　　　P：藤井　曄

▲スロフ53 3　スロ53は団臨用に全車が緩急車改造を受けた。　1962.8.18　尾久客車区　P：片山康毅

▼スロフ53 2025　七尾線の「おくのと」号用にお座敷車に改造された。「スロフ」であるものの赤帯に「Ⅲ」を標記した戦前の3等車のような塗装になっている。　1973.9.23　P：鈴木靖人

■ 2-3. 緩急車への改造　スロ53は全車が対象

　特ロが増備され、団体列車にも使用されるようになると、新たなニーズが生じた。最後部には車掌弁などブレーキ装置のある車掌室付きの緩急車が必要なのだが、特ロにはロフがなかった。1960年代の高度経済成長で、団体列車も1等旅行が登場するが、緩急車がないために1輌だけ2等車や並ロを連結して対応する事態が起きてきた。

　下の編成記録は昭和30年代に運転された特ロ臨時列車である。国際会議の参加者や企業の顧客向けサービスのための輸送で、豪華な編成だが両端は並ロのロフ、ロハフをつないだいささか珍妙な編成になる。②は文具メーカーのコクヨが企画した食堂車を含む特ロ編成で、恐らく販売代理店の関係者接待ではなかっただろうか。事務局の人員が最後尾のスロハフに乗車していたかもしれない。

　③は1955（昭和30）年に東京で開かれた第15回国際商工会議所総会の出席者向け列車で、運転された5月22日は日曜日なので、日光への観光旅行に使用されたのだろう。短距離区間ではあるが、食堂車付きである。

　④と⑤は海外の国賓のために、準お召列車として運転されたもので、④は西独のリュプケ大統領、⑤はベルギーのボードワン国王のための列車である。多くの随員、関係者が乗車するため、特ロが連結された。

　団体列車の場合、特ロフがないと①のように一般の緩急車を連結しなくてはならない。団体客を乗せずに連結するのでは不経済だから、特ロの緩急車を作ることになった。1962（昭和37）年のことである。

　既に特ロは必要数に達していたから、新製や改造で増備

するのではなく、緩急車設備を取り付ける改造を実施することになった。対象に選ばれたのがスロ53である。新製車で製作年度が比較的新しく、輌数も30輌と手ごろなことが選定の背景だろう。

　スロ53にはもともと乗務員室があったから、ここに車掌弁、圧力計を取り付けたほか、デッキに手ブレーキ、妻面に尾灯を設置した。既に近代化改造によって、蛍光灯化と室内の化粧板、窓枠のアルミサッシ取り付けは済んでいたので、それ以外には改造個所はなかった。

　ちょうどこの時期に国鉄は荷物輸送の改善に取り組んでいた。旅客列車から切り離して荷物専用列車を設定し、荷扱いに適した時間帯の設定や、十分な停車時間が取れるようにするもので、客荷分離政策と呼ばれた。

　荷物車には通常、車掌室が設けられており、編成の端に連結されたが、荷物車がなくなると、代わりの緩急車が必要になった。特ロは編成の端に連結されることが多いため、スロフ53は当初の目的以外の通常運用でも重宝がられた。緩急車ではあるが、定員はスロ時代と変わらないので、予備車として編成途中に組み込んでも問題がない。

　1962（昭和37）年度末の特ロ・ロフの輌数（ナロ20を除く）は324輌で、このうち定期運用には251輌（予備車を含む）が必要で、残る73輌を団臨用に振り向けた。1963（昭和38）年度末には定期運用が228輌に減少し、団臨に96輌が充当できるとほぼ必要輌数を満たす計算だった。

　この場合、必要な緩急車は33輌で、スロ53→

■特ロ連結の団体列車編成例

①1955.3.22	②1955.6.1	③19550.5.22	④1963.11.11	⑤1964.1.24
高松	東京	東京	沼津～京都	原宿～京都
松山行	3111レ　東京～大阪	3801レ　日光行		
スロハフ30 9　東シナ	EF58 44	C57 29　［尾］	マニ32 79	スロフ53 10
スロ60 30	スロ53 17　東シナ	スハフ42 221　東シナ	スロフ53 8	オシ17 8
スロ60 24　〃	スロ53 18　〃	スロ60 12	スロ54 42	オロ61 2110
スロ53 23　〃	スロ53 23　〃	スロ54 32	オシ17 9	御料車2号
スロ53 21　〃	スロ54 42　〃	スロ54 44	オロ61 2110	スハニ32 35
スロ53 17　〃	マシ38 2　〃	マシ29 3	御料車2号	
オロフ32 3　〃	スロ54 38　〃	スロ54 41	オハ36 15	
	スロ54 47　〃	スロ54 40		
	スロ54 32　〃	オロフ32 11		
	スロ54 44　〃			
	スロ54 46　〃			
	スロハフ30 8　〃			

①～③は「リクライニングシート」、④⑤は「お召列車百年」（星山一男　1973年　電気車研究会）所収

■ オロフ61・スロフ62形（2001 ～ 2015）車歴表

改造					冷房化・改造				改造・廃車			
形式・番号	年月日	改造所	種車	配置	年月日	改造所	形式・番号	配置	最終配置	年月日	改造所	形式・番号
オロフ61 2001	1962.9.19	長野	オハ61 243	仙台	1968.7.24	新津	スロフ62 2001	新潟	長岡	1976.11.1		廃車
オロフ61 2002	1962.9.25	長野	オハ61 669	仙台	1968.5.19	幡生	スロフ62 2002	青森	宮原	1978年度	高砂	スロ81 2121
オロフ61 2003	1962.9.29	長野	オハ61 117	仙台	1968.7.21	幡生	スロフ62 2003	仙台	仙台	1976.7.23		廃車
オロフ61 2004	1964.12.7	松任	オロ61 2088	尾久	1967.12.7	多度津	スロフ62 2004	品川	宮原	1978年度	高砂	スロ81 2122
オロフ61 2005	1964.11.14	松任	オロ61 2089	尾久	1968.3.22	多度津	スロフ62 2005	品川	尾久	1980.1.19		廃車
オロフ61 2006	1964.10.24	松任	オロ61 103	尾久	1967.10.28	多度津	スロフ62 2006	尾久	尾久	1975年度	大宮	スヤ61 2001
オロフ61 2007	1964.11.10	松任	オロ61 104	尾久	1968.2.1	多度津	スロフ62 2007	尾久	尾久	1980.2.2		廃車
オロフ61 2008	1964.10.30	松任	オロ61 105	宮原	1968.2.5	小倉	スロフ62 2008	宮原	宮原	1978年度	高砂	スロフ81 2111
オロフ61 2009	1964.11.25	松任	オロ61 113	宮原	1968.3.30	小倉	スロフ62 2009	宮原	宮原	1978年度	高砂	スロフ81 2112
オロフ61 2010	1965.12.13	大宮	オロ61 2001	宮原	1968.5.29	幡生	スロフ62 2010	品川	名古屋	1984.1.5		廃車
オロフ61 2011	1965.8.3	土崎	オロ61 2078	青森	1968.5.5	幡生	スロフ62 2011	品川	沼津	1982.9.16		廃車
オロフ61 2012	1965.9.5	土崎	オロ61 2079	青森	1968.5.17	幡生	スロフ62 2012	青森	尾久	1975.4.30		廃車
オロフ61 2013	1965.8.19	土崎	オロ61 2080	青森	1968.7.14	幡生	スロフ62 2013	青森	尾久	1975.4.15	松任	オヤ61 2021
オロフ61 2014	1965.9.22	土崎	オロ61 2081	青森	1968.7.5	幡生	スロフ62 2014	青森	青森	1976.10.13		廃車
オロフ61 2015	1965.10.8	土崎	オロ61 2082	青森	1968.8.22	幡生	スロフ62 2015	青森	尾久	1980.3.1		廃車

■ スロフ51形車歴表

改造					改造・廃車			
番号	年月日	改造所	種車	配置	最終配置	年月日	改造所	改造後
2016	1966.12.20	大船	スロ51 16	品川	尾久	1970.3.31	長野	オハフ41 2
2017	1966.12.6	大船	スロ51 17	品川	尾久	1970.3.31	長野	オハフ41 3
2026	1966.12.27	大船	スロ51 26	品川	鳥栖	1971.6.25	盛岡	オハ41 2501
2027	1967.2.6	大船	スロ51 27	品川	鳥栖	1972.3.31	旭川	スヤ52 5
38	1966.11.29	小倉	スロ51 38	鳥栖	早岐	1970.8.22	長野	オハフ41 4
2039	1966.11.11	高砂	スロ51 39	向日町	向日町	1971.4.30		廃車
43	1966.11.7	小倉	スロ51 43	鳥栖	早岐	1971.3.23	幡生	オハ41 502
2056	1967.3.30	高砂	スロ51 56	向日町	鳥栖	1971.9.30		廃車

■ スロフ52形車歴表

改造					改造・廃車			
番号	年月日	改造所	種車	配置	最終配置	年月日	改造所	改造後
1	1966.10.5	五稜郭	スロ51 11	札幌	札幌	1971.9.30		廃車
2	1966.6.15	五稜郭	スロ51 12	函館	函館	1971.3.31	新津	スヤ52 1

■ スロフ62形（2016 ～ 2033）車歴表

改造					改造・廃車			
番号	年月日	改造所	種車	配置	最終配置	年月日	改造所	形式・番号
2016	1969.5.28	松任	スロ62 2014	名古屋	尾久	1980.6.10		廃車
2017	1969.7.2	土崎	スロ62 2017	秋田	沼津	1982.9.16		廃車
2018	1969.6.24	松任	スロ62 2033	青森	尾久	1976.11.10		廃車
2019	1969.8.28	土崎	スロ62 2036	青森	品川	1980.3.29	大宮	スロフ81 2113
2020	1969.7.15	高砂	スロ62 2063	宮原	竜華	1982.8.30		廃車
2021	1969.8.30	高砂	スロ62 2064	宮原	竜華	1982.8.30		廃車
2022	1969.9.4	高砂	スロ62 2065	宮原	竜華	1982.8.30		廃車
2023	1969.7.24	土崎	スロ62 2077	青森	青森	1979.10.25		廃車
2024	1969.8.13	大宮	スロ62 2091	尾久	尾久	1980.9.19		廃車
2025	1969.7.7	大宮	スロ62 2095	尾久	尾久	1980.6.10		廃車
2026	1970.1.30	長野	スロ62 2042	新潟	長野	1983.10.4		廃車
2027	1969.年度	長野	スロ62 2009	金沢	名古屋	1983.6.27		廃車
2028	1969.12.15	高砂	スロ62 2066	宮原	竜華	1975.1.24		廃車
2029	1969年度	高砂	スロ62 2068	宮原	竜華	1975.1.24		廃車
2030	1970.1.12	大宮	スロ62 2109	品川	鳥栖	1975.6.10		廃車
2031	1970.1.19	大宮	スロ62 2111	品川	鳥栖	1975.6.10		廃車
2032	1969年度	長野	スロ62 2114	名古屋	福井	1982.10.25		廃車
2033	1969年度	長野	スロ62 2115	名古屋	品川	1980.3.21	大宮	スロフ81 2114

スロフ53の改造は30輌だったため、残る3輌はこの時期に改造していたオロ61のうち、3輌をオロフ61として改造することで対応した。

　その後もロフの増備が求められたため、1966（昭和41）年度にスロ51からスロフ51形8輌、スロフ52形2輌の改造が行われた。

　特別な経歴をたどったのがスロフ53 25で、七尾線のイ

ベント列車「おくのと」に使用するために、レトロ風の塗色に切り替え、車内はお座敷車様式に改造して、1973（昭和48）年度まで活躍した。

■ 2-4. 電暖改造の拡大
スロ51・54にも取り付け、専用電熱器の開発

　団体列車用に特ロを使用するようになると、新たな課題

御殿場線電化開業前日にはたまたまオール特ロの臨時列車が運転され、ファンを喜ばせた。　1968.6.30　岩波
P：和田　洋

が出てきた。電気暖房を備えた車輌がさらに必要になったのだ。

団体旅行は普通の定期列車とは違ったコースをたどったり、遠距離の行程になることがある。九州地区から北陸方面へ旅行する場合、北陸線では電暖が必要だが、鳥栖区に配置された操配用のスロには一般車しかない。まれには全国一周ツアーのような企画も生まれるようになり、50代の形式のスロに電暖設備を取り付ける検討が始まった。

これらの車輌で使用されているR11〜14座席は回転部分が複雑で、座席の下に電熱器を置けず、改造でオロ61を作り対応してきた。この構造的な問題はそのままだったため、当初は従来の座席の回転部分を改造して簡略化し、電熱器を取り付ける案が浮かんだ。しかしこれは予想以上に費用がかかり、新製した座席に取り替えるのとあまり変わらない。そこで座席はそのままにして、電熱器を工夫することになった。

新開発されたHE63形電気暖房器は、コの字型をしてお

り、座席の座を3方向から取り囲む方式で、取り付けは容易になった。電気暖房器は蒸気管のキセ内部にも設置するが、50代の特ロはこの部分が狭い。そこでこれについても細身のHE64形を新設計した。

改造は1966（昭和41）年度に実施された。当初はスロ60も含めた従来型特ロ全形式を想定したが、非冷房車を中心に改造や廃車が具体化してきた結果、実際はスロ51形8輌、スロ54形18輌に電暖を取り付けたほか、スロ51→スロフ51への緩急車改造の際、電暖改造を併施する形でスロフ51形6輌が電暖車となった。

冷房化されたスロ54はその後も活躍するが、スロ51、スロフ51の方は1969（昭和44）年度からは早くも通勤車へ改造されたり廃車になっていった。電暖設備を必要としない列車に連結されることも多く、改造がどの程度効果があったかは疑問である。

スロフ51 2017　団臨用に電暖化し、緩急車改造も実施した。
1969.1.2　尾久客車区　P：豊永泰太郎

3. 特ロの台車

■ 3-1. 特ロ標準台車となったTR40B

1950（昭和25）年に登場した特ロ第1号のスロ60は、当時の標準台車だったTR40を装備した。ボギーの側ばり、上揺れまくら、下揺れまくらをそれぞれ一体鋳鋼製としている。戦前の標準台車であるTR23はI型鋼を組み立てていたが、戦後の資材不足で国鉄に対する鋼材の割り当てが十分でなかった。一方で大型の鋳鋼品は需要が少なく、生産能力が過大になっていたため、鋳鋼製に切り替えた事情がある。

当然ながら重量は増加した。TR40は6.1tとTR23（5.1t）に比べて1t増になり、この台車を付けたオハ35は重量区分を越えてスハ42に形式が変わった。半面、軸箱支持部分をウィングバネにしたことや、揺れまくらつりの長さを540mm（従来は310mm）に伸ばしたことで、TR23に比べて乗り心地は改善された。

枕バネには重ね板バネを4連使用した。板バネはそれ自身が上下の振動を吸収するが、これを重ねることで、バネの板間摩擦が振動を吸収する効果がある。戦後の国鉄は列車の高速化と台車の性能向上の研究を進めていたが、その過程で4連の枕バネはこの摩擦が過大になり、特に乗客数の少ない優等客車では減衰効果が十分発揮できないことが分かってきた。このため特ロやロネには枕バネを2連にしたうえで、バネを柔らかくして防振ゴムを付けたTR40Bが開発され、スロ50からスロ54までの特ロに使用された。

最初の特ロであるスロ60はTR40付きだったため、台車の振り替えが検討された。まず1950（昭和25）年に新製するスハ42のうち15輌をTR40B付きで登場させて、スロ601〜15の台車を交換した。残る15輌のうち2輌は、次項で述べる板谷峠対策でTR40Bに替わり、13輌は1951（昭和26）年に枕バネを取り替え全車がTR40Bとなった。

■ 3-2. 板谷峠問題とTR23への振り替え

1950（昭和25）年前後に国鉄当局を悩ませた問題に板谷峠でのタイヤ弛緩問題がある。福島に向けて峠を下ってい

スハ42 2047のTR40。枕バネの重ね板バネが4連ある。
2002.3.9　生田緑地公園　P：藤田吾郎

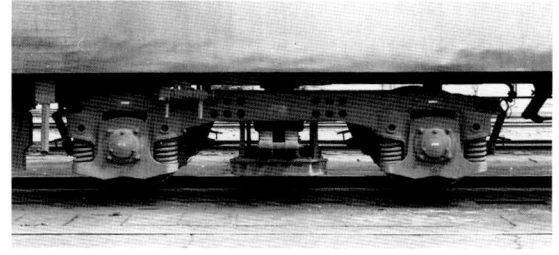

スロ54 45のTR40B。乗り心地改善のため、TR40に比べ板バネが2連となった。　1956.4.29　品川客車区　P：中村夙雄

▲（左）試作台車の1つである近畿車輌製シュリーレン台車KD11。スロ60 118で走行試験した。
1957年　P：黒岩保美

▲（右）日本車輌製のトーションバー台車を試用したナロ10 8。　1960.5.20　P：星　晃

◀改良型のシュリーレン台車KD11Aを履いたスロ54 47。
P：鈴木靖人

く奥羽本線の上り列車で、ブレーキによって車輪のタイヤが過熱して緩んでしまい、最悪の場合は脱線の危険もあった。板谷峠の福島～米沢間は1949（昭和24）年に電化され、同時に峠などのスイッチバック駅が改良されて、通過ができるようになった。それ以前は優等列車でも必ず停車して折り返しをしていたが、この停車はタイヤの温度を下げる効果もあった。それが通過列車になり連続してブレーキをかけることで、この現象が発生したのである。

　対策として、タイヤを使わない止輪付きの車輪を使った車輌に限定することにしたが、TR40Bはその対策が採れなかった。そこで急行「鳥海」に使用していたスロ51 49・50の2輌について、オハ35のTR23と台車を振り替えた。この際にはスロ51のTR40Bをスロ60に供出し、そこから生み出されたTR40をオハ35に付けて、スハ42に形式変更するという玉突き振り替えを実施している。

　しかし、板谷峠ではこの対策によっても弛緩事故をゼロにできなかったため、電力回生ブレーキを備えたEF16の投入が決まった。これによって抜本的な改善が図られたため、再び台車を元に戻す振り替えが行われて常態に復している。

■ 3-3. 試作台車の試験

　昭和20年代には海外技術の導入を含めたいろいろな試作台車が比較検討された。この中で近畿車輌はスイス・シュリーレン社の技術を使ったKD台車の製作を開始、近鉄の電車が本格採用する中で国鉄にも採用を働きかけ、1954（昭和29）年にスロ60 118に取り付け、特急「はと」の編成に組み込んで実用試験をした。

　シュリーレン台車の特徴は軸箱守がなく、車軸をウィングバネとその内部に置いた二重円筒で支える。それまでの国鉄台車は摺動部のあるペデスタル式の軸箱支持で、走行による摩耗で徐々にすき間ができて振動の原因となっていたが、シュリーレン台車ではこれを防ぐことができた。

　試験は高速走行で好結果は出たが、動揺が激しくなる場

合があり、改良型としてKD11Aが作られた。この台車は1955（昭和30）年8月からスロ54 47に取り付け、東海道線で使用して性能を測定した。試験は数年間行われ、好成績が得られた。結局特ロに採用されることにはならなかったが、シュリーレン台車はその後、食堂車のオシ17にTR53として採用された。

また特急に使用していたナロ10 8には1960（昭和35）年から3年ほど、トーションバー台車を試用した。コイルバネではなくねじり棒バネ（トーションバー）を利用して振動を吸収する方式で、スイスで開発されたものを日本車輌が導入、いくつか試作台車が作られたが、結局国鉄では採用にはならなかった。

■ 3-4. 軽量車、20系での台車改良とオロ61用台車

1957（昭和32）年に軽量客車シリーズの特ロとしてナロ10が製作された。台車は10系客車の基本であるTR50を使用、枕バネを柔らかくしたTR50Bを装備した。この時点では特ロといえどもまだ空気バネを採用するところまではいかなかったが、プレス鋼板採用による効果で重量は4.1tとTR40Bに比べて2tの軽量化を実現、乗り心地の改善につながった。

20系ブルートレインの一員として1958（昭和33）年から新製されるナロ20には、当然ながら空気バネ付きのTR55が採用された。特急「さくら」用に1959（昭和34）年から増備されるグループでは、空気バネ用の補助空気室を上揺れまくらに移すなどいくつかの改良を加えたTR55Aに変わった。

特ロの増備を図るために1959（昭和34）年度から、鋼体化改造車のオハ61を改造したオロ61が生まれた。種車の台車は釣り合いばり式のTR11で、これは急行用優等車には不向きであるので、新設計の台車に付け替えることとした。軽量客車用のTR50を基本に、改造用に調整したTR52がこれ以前にオハニ63を急行用にするために作られていたが、心皿支持に若干の問題があり、これを側受支持に変えたTR52Aを採用した。鋼体化改造車で木造客車の台枠を使用していることが影響し、TR50に比べてやや高さが低い。

■ 3-5. 冷房化による台車振り替え

国鉄客車の冷房化は20系特急車とロネが先行し、特ロとハネが次の課題となった。そこで1964（昭和39）年度にスロ54形2輌について試験的に冷房装置を取り付けたが

ナロ20は空気バネのTR55台車になった。
1958.8.31　P：星 晃

軸箱部分を円筒コロ軸受けに改造したTR23H台車に集約された。スロ54 2041。　　　1975.8.9　永和　P：片山康毅

特ロの台車TR40Bを引き継ぎスハ32形から形式変更したスハ33 338。　　　1966.6.26　品川客車区　P：豊永泰太郎

重量が増加してマロ55と形式を変更した。この時期は客車列車の重量が増加している時期であり、「マ」級の車輌は使い勝手が悪い。そこで鋳鋼製の重いTR40BをTR23に振り替えて、換算重量の増加を防ぐことになり、翌年度にスロ43と台車交換しこの2輌はスロ54に復帰した。

スロ54、オロ61、オロフ61に対する冷房改造工事は1966（昭和41）年度から本格的に開始された。オロ・オロフ61はもともと軽量台車だったので重量増をカバーする方策がなく、スロ・スロフへ形式変更した。スロ54については、「マロ」を回避するために改造と同時に台車の振り替えが併施された。種車となったのはスハネ30、スロ43などで、種車のTR23系台車をそのまま使用した結果、TR23（平軸受）、TR23D（揺れまくら吊りを延長して乗り心地を改善。平軸受）、TR23E（TR23Dを円筒コロ軸受に改造）の3種類が存在する。種車として選ばれたのは重いTR40Bに交換しても換算重量が増えない形式だった。なお平軸受の台車については、1971（昭和46）年度から始まった体質改善工事の一環として、TR23Hに改造されていった。

■ 3-6. 通勤用、荷物車改造と台車振り替え

1967（昭和42）年度からスロ60、51などの冷房化されなかった特ロが順次、通勤用客車オハ41や荷物車マニ36やマニ37などに改造されていった。そのままの改造ではスハになったり、荷重が制限されてしまうので、ここでもTR40Bを外してTR23に振り替えた。この時に受け皿になったのがスハ32で、TR40Bを付けた車輌はスハ33形0番代に形式変更された。

4. 特ロ以外への改造

　冷房改造への選別が終わり、非冷房車が生まれた。当初は団体臨に使用されたが、冷房特ロにも余剰が出てくると団臨も置き替えられるようになり、運用から外れ他の車種へ改造されるようになった。

■ 4-1. 荷物車への改造

　まず始まったのが荷物車への改造で、種車となったのは鋼体化改造で生まれたスロ60とスロ50だった。1967(昭和42)年度にマニ36・37形式に合計20輌が改造され、老朽化したマニ60の置き換えや新方式のパレット輸送に充当された。マニ37は新形式だったので番号は0代から始めたが、スロ60からマニ36への改造では300番代を設けて区別した。15輌が改造され、種車の番号に300を加えて改造後の番号としたため欠番がある。また1輌だけスロ50から改造された車輌はマニ36 331とした。スロ60は30輌だったので、ちょうどそれに続く番号だが、たまたまスロ60 30は改造されずに廃車となったため、番号は飛んだ形になっている。

　1968(昭和43)年度にもマニ37への改造が続き、スロ60とスロ50は形式消滅した。さらに種車にはスロ51とスロフ53も加わり、それぞれ30番代、60番代に区分された。スロフ53はこのほか、スユニ61にも5輌が改造されて300番代を名乗った。

　1967(昭和42)年度改造車のマニ37 1～4は種車のままの片デッキだったが、やはり不便だったとみえて翌1968(昭和43)年度からは両デッキに変わった。片デッキの4輌も1970(昭和45)年前後に両デッキ化されている。

　荷物車改造にあたっては、重いTR40Bを外して、TR23と交換した。荷重を減らさないための工夫で、交換相手は冷房改造の際と同じスハ32になった。

■ 4-2. 通勤車への改造

　1969(昭和44)年度からは座席を撤去して車内を全てロングシートにする通勤車改造が始まった。地方でも中核都市への通勤輸送は混雑が激しくなり、客車列車で遅れが目立つようになっていた。リクライニングシートからロングシートでは、3段階くらいのグレードの低下になるが、車輌需給からは余剰車の活用としてちょうど好都合だった。

　もともと通勤車改造は1963(昭和38)年度から、オハ60やオハ61の出入リロ部分のボックス席を撤去して、ロン

スロ52 4改造のスヤ52 2。両デッキ化され、入口、出口の表示がある。　　　　1975.9.11　旭川客貨車区　P：和田　洋

スロ62 2084改造のお座敷客車スロ81 2111。
　　　　　　　　　　　1976.10.13　鳥栖　P：葛　英一

グシートとする小改造で始まった。支社や地方局からは改造の拡大希望が強かったが、本社としては老朽化の進む60系客車に手を加えることには消極的で、毎年度の車両計画会議の際の懸案事項になっていた。

　特ロの場合は、車齢は20年近く経過していたが、優等車として十分な整備を受けていたために状態は良く、種車として適当だった。荷物車改造同様に両デッキに改造し、ロングシート化した。2ヶ所あった便所・洗面所は撤去したので、室内の20m近いロングシートはなかなか壮観で、ずらりと吊り革が並んだ。

　台車をそのままにすると「スハ」になりかねなかったため、この改造もスハ32と台車を交換しTR23を付けることで無事に「オハ」に生まれ変わった。

　後位側の出入り口はそのまま使用したが、上部の等級表示灯(アンドン)は撤去し、台座だけが残った。新しく取り付けた前位側は、形式図では後位側と同じ台座があるように描かれているが、現車ではあるものと、通常のものと2種類あるようだ。改造の際の工場の判断だったのだろう。

■ 4-3. 事業用車への改造

　事業用車輌の中に、国鉄職員の健康診断のために、X線装置などの診断機器を積んで巡回する「保健車」がある。1970(昭和45)～72年度に、特ロを種車にして改造でスヤ52が合計6輌作られた。形式番号から類推できるように、初年度の種車はスロ52、スロフ52だったが、後にスロ51、スロフ51も加わった。

　形式図は片デッキのものが1種類しか作成されていないが、実際には両デッキの車輌もあるし、窓、ドアの形態や配置で1輌ずつ差異が出ている。台車はTR40Bをそのまま使用し、アンドン部分には「保健車」の表示が付いた。北海道地区のスヤ52は青塗色に黄色帯を付けて目を引いた。

■ 4-4. お座敷車

　座席でなく畳敷きにした「お座敷車輌」は団体旅行に人気があり、昭和40年代に一般車輌を改造して増備されていた。ここでも冷房化の必要が増して、1971(昭和46)年度からスロ62・スロフ62を種車にした改造が進み、スロ81形28輌、スロフ81形14輌の計42輌が登場した。

　改造年度の車輌需給が関係したのだろうが、スロ62からスロフ81へ、スロフ62からスロ81へという改造が混在している。またスロ81、スロフ81形式とも0代を飛ばして2100番代から番号を付けた。なぜ0代を空けたのかは判然としない。

5. 特口の運用

　特口がどのように配置され、どんな列車に使用されたかは、ファンとして知りたいところである。昭和20年代は資料が乏しいが、公式資料やファンの記録などを総合すると、ある程度の実態はつかめてくる。年度を追ってそうした状況をまとめてみた。

■1950（昭和25）年度

　特口の先頭を切って登場したスロ60は、第一陣の落成車が宮原区に配置[※1]され、1950（昭和25）年4月15日から特急「つばめ」に連結された。後続の車輌は品川区に置き、5月11日から運転を開始した「はと」に使用する予定だったが、落成が遅れて運転開始に間に合わず、当座は旧型のオロ40を使用したため、同じ特急の姉妹列車でサービスに差が付いたと不評をかった。6月からは全車輌30輌がそろい、東西格差は解消された。

　「つばめ」「はと」は10輌編成のうち5輌を特口が占める豪華列車だった。当時の東京～大阪間は、1日で折り返せない片道運用だったから、品川、宮原区のスロ60はそれぞれ10輌、合計20輌が常時使用されていた。宮原区には余裕がなかったが、品川区の配置は16輌で多少の余裕があったため、「はと」の他に東海道線の看板列車である急行「銀河」にも2輌が使用された。

　年度末にはスロ50・51を含め、特口はたちまち100輌の大所帯になった。同年11月15日からは、全国の急行に連結する列車の指定が行われた。

　100輌あるとはいっても、全国の急行に連結するとなると、工夫が必要だった。急行「日本海」は大阪～青森の全区間には連結できず、金沢までだったし、秋田、新潟、竜華は2輌だけの配置で予備車がない。不足した場合は並口で代用したのだろう。

　この当時の急行は混雑し、3等車ばかりか2等車でも座れないことがあった。急行用として新製したスロ51で座席数を増やしたのもこのためで、「霧島」「筑紫」といった看板列車には2輌を連結したが、絶対数が足りないために並口を併結して2等乗客への座席を確保した。

●1950（昭和25）年11月運用一覧

配置局	配置区	列車番号	愛称	連結区間	車種	番号
東京	品川	3～4	はと	東京～大阪	スロ60	8・16～30
		13～14	銀河	東京～神戸		
		37～38	筑紫	東京～博多	スロ51	32～40
	尾久	601～602	北陸	上野～大阪	スロ51	11～15・44～48
		201～202	みちのく	上野～青森		
大阪	宮原	1～2	つばめ	東京～大阪	スロ60	1～7・9～15
		11～12	明星	東京～大阪	スロ50	1～10
		15～16	彗星	東京～大阪		
		501～502	日本海	大阪～金沢（青森）		
青函	函館	1～2		函館～旭川	スロ51	5～10
		3～4		函館～釧路		
	青森	203～204	北斗	上野～青森	スロ51	51～55
秋田	秋田	401～402		上野～秋田	スロ51	49・50
仙台	仙台	101～102	青葉	上野～仙台	スロ51	41～43
新潟	新潟	701～702		上野～新潟	スロ51	56・57
天王寺	竜華	201～202	やまと	東京～湊町	スロ51	30・31
広島	広島	39～40	安芸	東京～広島	スロ51	1～4
門司	竹下	33～34	霧島	東京～博多（鹿児島）	スロ51	26～29
	門司	31～32	阿蘇	東京～門司（熊本）	スロ51	58～60
	長崎	35～36	雲仙	東京～長崎	スロ51	16～20
鹿児島	鹿児島	33～34	霧島	東京～鹿児島	スロ51	21～25

『Romance Car』13号（1950年東京鉄道同好会）所収の資料をもとに作成。当時、青森区は青函局所属であった。また、一部の列車には愛称が付いていない。

●1952（昭和27）年1月現在の東海道・山陽線主要列車編成表

大阪鉄道管理局報による。カッコ内は運用番号。

1レ「つばめ」(大1) 東京→大阪

10	9	8	7	6	5	4	増	3	2	1
マイテ	スロ60	スロ60	スロ60	マシ	スロ60	スロ60	スハ	スハ	スハ	スハニ

3レ「はと」(東1) 東京→大阪

10	9	8	7	6	5	4	増	3	2	1
スイテ	スロ60	スロ60	スロ60	マシ	スロ60	スロ60	スハ	スハ	スハ	スハニ

11レ「明星」(大2) 東京→大阪

12	11	10	9	8	7	6	5	4	3	2	1
スハフ	スハ	スハ	スハ	スハ	スハ	スハ	スハ	オロ	スロ50	スロ50	マニ

13レ「銀河」(東2) 東京→神戸

13	12	11	10	9	8	増	7	6	5	4	3	2	1
スハフ	スハ	スハ	スハ	スハ	スハ	オロ	オロ	スロ53	スロ53	スロネ	マイネ	マイネ	マニ

15レ「彗星」(大3) 東京→大阪

13	12	11	10	9	8	増	7	6	5	4	3	2	1
スハフ	スハ	スハ	スハ	スハ	スハ	オロ	オロ	スロ50	スロ50	スロネ	マイネ	マイネ	マニ

31レ「阿蘇」(熊1+鹿6) 東京→熊本・都城

12	11	10	9	8	7	6	5	4	3	2	1
スハフ	オハフ	オハ	オハフ	オハ	オハ	オロ	スロ53	スハフ	スハ	スニ	マユ

33レ「霧島」(鹿1+門附1) 東京→鹿児島

12	11	10	9	8	7	6	5	4	3	2	1
オハフ	スハフ	オハフ	オハ	オハ	オハ	スシ	オロ	スロ51	スロ51	マロネ	マイネ	スニ

35レ「雲仙」(門1+門附6) 東京→長崎

10	9	8	7	6	5	4	3	2	1
オハフ	オハフ	オハ	オハフ	オハ	オハ	オハ	オロ	スロ51	スロ51	マユ	マニ

37レ「筑紫」(東3) 東京→博多

12	11	10	9	8	7	6	5	4	3	2	1
スハフ	スハ	スハ	スハ	スハ	スハ	オハシ	オロ	スロ53	スロ53	マイネ	マニ	オユ

39レ「安芸」(広1+広附13)

10	9	8	7	6	5	4	3	2	1
オハフ	オハ	オハ	オハ	スハ	オロ	スロ51	オハフ	マニ

3039レ「瀬戸・出雲」(東4+東附3) 東京→宇野・大社

11	10	9	8	7	6	5	4	3	2	1
スハフ	スハフ	スハ	スハ	スハ	スハ	オロ	スロ51	スロフ	スロ53	スハフ

501レ「日本海」(大4+大附1) 大阪→青森

増	7	6	5	4	3	2	1
スロ50	オハフ	オハフ	オハ	オハ	スハシ	オロ	スユ	マニ	マニ	マニ

●1955（昭和30）年7月現在の特口連結列車一覧

列車番号	愛称	運用	連結区間	車種	輌
1～2	つばめ	大1	東京～大阪	スロ60	5
3～4	はと	東1	東京～大阪	スロ60	5
5～6	かもめ	門1	京都～博多	スロ54	3
11～12	明星	大2	東京～大阪	スロ50	2
13～14	銀河	東2	東京～神戸	スロ54	2
15～16	彗星	大3	東京～大阪	スロ54	2
17～18	月光	大3	東京～大阪	スロ54	2
21～22	安芸	広附4	東京～広島	スロ51	1
23～24	せと	東附6	東京～大社	スロ53	1
		東4	東京～宇野	スロ53	1
31～32	阿蘇	熊1	東京～熊本	スロ51	1
33～34	げんかい	門3	東京～博多	スロ51	1
		鹿6	東京～都城	スロ53	1

列車番号	愛称	運用	連結区間	車種	輌
35～36	きりしま	鹿1	東京～鹿児島	スロ51	1
		門附1	東京～博多	スロ51	1
37～38	雲仙	門附2	東京～博多	スロ51	1
		門1	東京～長崎	スロ51	1
39～40	筑紫	東3	東京～鹿児島	スロ54	1
		東附3	東京～博多	スロ54	1
201～202	大和	天1	東京～湊町	スロ51	1
203～204	伊勢	名1	東京～名古屋	スロ53	1
		天2	東京～鳥羽	スロ53	1
1001～1002	西海	東100	東京～佐世保	スロ54	1
101～102	青葉	仙1	上野～仙台	スロ51	1
103～104	松島	仙附1	上野～仙台	スロ51	1
201～202	みちのく	東71	上野～青森	スロ53	1

列車番号	愛称	運用	連結区間	車種	輌
203～206	きたかみ	東72	上野～青森	スロ53	1
204～205	北斗	盛21	上野～青森	スロ54	2
1201～1202	十和田	東150	上野～青森	スロ60	1
401～402	鳥海	秋1	上野～秋田	スロ51	1
601～602	白山	新1	上野～金沢	スロ51	1
701～702	越路	新1	上野～新潟	スロ51	1
501～502	日本海	大4	大阪～青森	スロ51	1
1～2	大雪	函附51	函館～旭川	スロ52	1
3～4	まりも	函附51	函館～釧路	スロ52	1
5～6	あかしや	函1	函館～旭川	スロ52	1
1201～1202	洞爺	函3	函館～札幌	スロ52	1

鉄道友の会客車気動車研究会資料をもとに作成。

●1957（昭和32）年春の特ロ配置と使用列車

配置局	配置区	列車番号	愛称	連結区間	車種	番号	輌数
青函	函館	1～2	大雪	函館～旭川	スロ52	1～12	12
		3～4	アカシヤ	函館～旭川			
		7～8	まりも	函館～釧路			
		107～108	すずらん	函館～札幌			
盛岡	青森	209～210	おいらせ	上野～青森	スロ54	1～6	6
		201～202	みちのく	上野～青森			
秋田	秋田	801～802	羽黒	上野～秋田	スロ51	47・49	2
仙台	仙台	101～102	青葉	上野～仙台	スロ51	11～15・26	6
		103～104	松島	上野～仙台			
		1209～1210	いわて	上野～盛岡			
新潟	新潟	701～702	佐渡	上野～新潟	スロ51	27～29・52・56・57	7
		703～704	越路	上野～新潟			
		603～604	白山	上野～金沢			
東京	品川	3～4	はと	東京～大阪	スロ54	12・13・31・32・39～47	13
		7～8	あさかぜ	東京～博多	スロ54	7～11	5
		23～24	瀬戸	東京～宇野	スロ53	21～30	10
		41～42	筑紫	東京～博多			
		25～26	出雲	東京～大社			
		37～38	霧島	東京～博多(鹿児島)			
		15～16	銀河	東京～神戸	スロ60	22～30・116～118	12
		39～40	雲仙	東京～長崎			
		43～44	さつま	東京～鹿児島			
		1015～1016	彗星	東京～大阪			

配置局	配置区	列車番号	愛称	連結区間	車種	番号	輌数
東京	尾久	601～602	北陸	上野～福井	スロ53	14～20	7
		207～208	北斗	上野～青森			
		205～206	十和田	上野～青森	スロ60	12・19～21	4
		401～204	津軽	上野～青森	スロ60	41～46・48	7
		203～402	北上	上野～青森			
名古屋	名古屋	203～204	伊勢	東京～名古屋(鳥羽)	スロ53	11～13	3
大阪	宮原	1～2	つばめ	東京～大阪	スロ54	14～21・33～38	14
		11～12	なにわ	東京～大阪			
		13～14	明星	東京～大阪	スロ60	1～11・113～115	14
		17～18	月光	東京～大阪			
		503～504	立山	大阪～富山			
		501～502	日本海	大阪～青森	スロ50	1～4	4
	京都	201～202	天草	京都～熊本	スロ50	5～10	6
		203～204	玄海	京都～長崎			
天王寺	竜華	201～202	大和	東京～湊町	スロ53	1・2	2
	宇治山田	203～204	伊勢	東京～鳥羽	スロ53	4・5・9	3
広島	広島	21～22	安芸	東京～広島	スロ51	1～4	4
門司	竹下		かもめ	京都～博多	スロ51	22～30	9
	早岐	33～34	西海	東京～佐世保	スロ51	32～35	4
	長崎	39～40	雲仙	東京～長崎	スロ51	16～20・36～38	8
		43～44	さつま	東京～博多(鹿児島)			
熊本	熊本	31～32	阿蘇	東京～熊本	スロ51	40・58～60	4
鹿児島	鹿児島	37～38	霧島	東京～鹿児島	スロ53	3・6～8	4
		35～36	高千穂	東京～西鹿児島	スロ51	21～25・59	4

鉄道友の会客車気動車研究会資料をもとに作成。車輌番号の一部は筆者推定。連結区間のカッコ部分は終着駅。

■1951（昭和26）年度

定員を4人減らして座席をゆったりさせたスロ53が登場した。新型車が営業に入ると、優先順位の高い列車に投入、そこから玉突きで出てくる車輌を新設する列車や増結用に回すことが多い。スロ53は「銀河」「筑紫」などに投入されている。

新製車は数カ月に渡って順次投入される。このためこの時期の列車編成は、ダイヤ改正がない場合でも、途中から形式の変更が行われ、なかなか正確な実態がつかめない悩みがある。

一方で時刻表には「主要列車編成表」が掲載され、本文はリクライニングシートを図案化した「特別2等車」のマーク付くようになった。ここから連結列車の変化を追跡できるようにもなった。

リクライニングシートを図案化した時刻表の特ロ連結表示。『時刻表』1954年10月号(日本交通公社)より

●1961（昭和36）年6月の特ロ配置と使用列車

配置局	配置区	列車番号	愛称	連結区間	車種	番号	輌数
青函	函館	1～2	大雪	函館～旭川	スロ52	1～12	12
		3～4	アカシヤ	函館～旭川			
		7～8	まりも	函館～釧路			
		1101～1102	石狩	函館～札幌			
盛岡	青森	209～210	おいらせ	上野～青森	スロ51	11～15・26	6
		201～202	みちのく	上野～青森			
		201～202	みちのく	上野～青森	スロ60	1～8	8
		209～210	おいらせ	上野～青森			
		205～206	十和田	上野～青森			
		205～206	十和田	上野～青森	スロ60	21・22	2
	盛岡	2209～2210	いわて	上野～盛岡	スロ53	6～8	3
秋田	秋田	403～404	鳥海	上野～秋田	オロ61	2018～2021	4
					スロ51	48・49	2
仙台	仙台	101～102	青葉	上野～仙台	オロ61	2008～2017・2024～2028	15
		103～104	吾妻	上野～仙台			
		105～106	松島	上野～仙台			
新潟	新潟	701～702	佐渡	上野～新潟	スロ51	51・56・57	3
		703～704	越路	上野～新潟			
		701～702	佐渡	上野～新潟	スロ60	27～30	4
		703～704	越路	上野～新潟			
東京	品川	7～8	あさかぜ	東京～博多	ナロ20	1～5・51～54	9
		5～6	さくら	東京～長崎			
		9～10	はやぶさ	東京～西鹿児島			
		23～24	瀬戸	東京～宇野	スロ53	10・23～30	23
		901～902	能登	東京～金沢			
		15～16	銀河	東京～神戸	スロ54	9・13～18・21・31～35・39～47	
		25～26	出雲	東京～浜田			
		1037～1038	桜島	東京～西鹿児島			
					スロ60		4
					ナロ10	28・29	2
	尾久	601～602	北陸	上野～金沢	スロ60	117・118	2
		601～602	北陸	上野～金沢	スロ60	36～38	3
		203～204	北上	上野～青森			
		401～402	津軽	上野～青森	オロ61	2001～2007・2022・2023・2029～2035	16
		405～406	蔵王	上野～山形			

配置局	配置区	列車番号	愛称	連結区間	車種	番号	輌数
名古屋	名古屋	203～204	伊勢	東京～名古屋(鳥羽)	スロ51	11～13	3
金沢	金沢	603～604	白山	上野～金沢	スロ51	27～29・46・47	5
大阪	宮原				スロ50	1・2	2
					スロ53	19～22	4
		13～14	月光	東京～大阪	スロ54	14～17・22～24	7
		501～502	日本海	大阪～青森	ナロ10	30～33	4
		501～502	日本海	大阪～青森	オロ61	101～106	6
		503～504	立山	大阪～富山	スロ60	6～12・19～20・113～116	13
	京都	205～206	天草	京都～熊本	スロ50	3～10	
		301～302	日向	京都～都城			
		301～302	大山	京都～大社			
		207～208	玄海	京都～博多	スロ60	1～5	5
天王寺	竜華	201～202	大和	東京～湊町	スロ53	1・2・16・17	3
	伊勢	203～204	伊勢	東京～鳥羽	スロ53	4・5・9	3
中国	広島	21～22	安芸	東京～広島	スロ51	1～4・21・22・39・52	8
		301～302	宮島	東京～広島			
		21～22	安芸	東京～広島	スロ53	3・14・15・18	4
門司	竹下	201～202	かもめ	京都～博多	ナロ10	19～27	9
	門司港	101～102	さつま	門司港～鹿児島	スロ51	19～20	2
	早岐	39～40	西海	東京～佐世保	スロ51	17・18・32～38・41～45	13
		41～42	筑紫	東京～博多			
	長崎	33～34	雲仙	東京～長崎	スロ54	25～30	6
					スロ51	16	1
熊本	熊本	31～32	阿蘇	東京～熊本	スロ51	23～25・40・58～60	7
鹿児島	鹿児島	37～38	霧島	東京～鹿児島	ナロ10	1～18	18
		35～36	高千穂	東京～西鹿児島			

鉄道友の会客車気動車研究会資料をもとに作成。

●1963（昭和38）年10月改正の特ロ連結列車編成表

25レ「瀬戸」(東2)東京→宇野

14	13	12	11	10	9	8	7	6	5	4	3	2	1	
スハフ	スハ	スハフ	スハ	スハ	スハ	スハ	オシ17	ナハネ11	ナハネ11	ナハネ11	スロ54	ナロ10	オロネ10	マニ

21レ「出雲」(東3)東京→浜田

13	12	11	10	9	8	7	6	5	4	3	2	1
スハフ43	スハ44	スハフ44	スハ44	スハ44	スハフ43	ナハネ11	オハネ17	オロネ10	スロフ53	スハ	スハ	スハフ

901レ「能登」(東4)東京→金沢

13	12	11	10	9	8	7	6	5	4	3	2	1
スハフ	スハ	スハ	スハ	スハ	スハ	スハネ	スハネ30	スハ	オロ61	オロ61	オロネ10	スハフ

201レ「伊勢・那智」(天2・東5)東京→鳥羽・新宮

13	12	11	10	9	8	7	6	5	4	3	2	1	増	
ナハフ	スハ	オハネ17	ナロ17	オロネ17	ナハフ	スハフ	スハ	スハ	オハネ17	オハネ17	スロ54	スハフ	スハフ	マニ

1031レ「桜島」(東8)東京→西鹿児島(不定期)

15	14	13	12	11	10	9	8	7	6	5	4	3	2	1
スハフ	スハ	スハフ	スハ	オハ	オハ	スハフ	ナハ	ナハ	ナハ	ナハ	ナハ	スロ60	スロ54	オハフ

905レ「いこい」(東11+東12)東京→伊東・修善寺(準急・不定期)

11	10	9	8	7	6	5	4	3	2	1
スハフ	スロ54	スハ	スハフ	スハフ	スハ	スハ	スハ	スハ	スロ54	スハフ

1405レ「白樺1」(東31)新宿→松本(準急・不定期)

1	2	3	4	5	6	7
スハフ	スロ54	スハ	スハ	スハ	スハ	スハフ

35レ「吾妻・第2ばんだい」(仙3・東41)上野→仙台・会津若松

	1	2	3	4	5	6	7	8	9	10	11	12
マニ	オロ61	オロ61	オシ17	スハ	スハ	スハ	スハフ	スハフ	オロ61	スハ	スハ	スハフ

37レ「松島・第2ざおう」(仙4・東42)上野→仙台・山形

1	2	3	4	5	6	7	8	9	10	11	12
オロ61	オロ61	オシ17	スハ	スハ	スハ	スハフ	スハフ	スハ	オロ61	スハ	スハフ

405レ「津軽」(東43)上野→青森

1	2	3	4	5	6	7	8	9	10	11	12
マニ	マニ	マニ	オロネ30	オロ61	オシ17	スハネ30	スハネ30	ナハ	ナハ	ナハフ	ナハフ

401レ「鳥海・第1ばんだい」(秋1+東45)上野→秋田・喜多方

1	2	3	4	5	6	7	8	9	10	11	12	13
スユ	スハフ	オロ61	オロ61	オシ17	ナハ	ナハ	ナハ	スハフ	スハ	オロ61	スハ	スハフ

2601レ「北陸」(東61)上野→金沢

	増	1	2	3	4	5	6	7	8	9	10	11
マニ	マニ	オロネ10	オロネ10	オロ61	オロ61	スハネ30	スハネ30	オハ	オハ	オハ	オハ	スハフ

1305レ「高原1」(東62)上野→長野(準急・不定期)

1	2	3	4	5	6	7	8	9	10
スハフ	オロ61	スハ	スハ	スハ	スハ	スハ	スハ	スハ	スハフ

19レ「いわて」(東83)上野→青森

1	2	3	4	5	6	7	8	9	10
マニ	オロネ10	オロ61	オロ61	オハネ17	オハネ17	オハネ17	ナハ	ナハ	オハ

1019レ「第2十和田」(東84)上野→青森(不定期)

1	2	3	4	5	6	7	8	9	10
スハフ	オロ61	オロ61	スハ	スハ	スハ	スハフ	スハ	スハ	スハフ

601レ「白山」(金1)上野→金沢

	1	2	3	4	5	6	7	8	9
マニ	オロ61	オロ61	ナハ	ナハ	ナハ	ナハ	スハ	スハフ	

603レ「黒部」(金2)上野→金沢

1	2	3	4	5	6	7	8	9	10
マニ	マニ	オロネ10	オロネ10	オロ61	オハネ17	オハネ17	オハネ17	ナハ	ナハ	ナハフ	ナハフ

2407レ「穂高」(長1)上野→長野

1	2	3	4	5	6	7	8
マニ	ナロネ10	オロ61	ナハフ	ナハ	ナハ	ナハ	ナハフ

1307レ「高原2」(長2)上野→長野(準急・不定期)

1	2	3	4	5	6	7	8	9	10
スハフ	オロ61	オハ	オハ	オハ	オハ	オハ	オハ	オハ	スハフ

1407レ「白樺2」(長10)上野→松本(準急・不定期)

1	2	3	4	5	6	7
スハフ	オロ61	スハ	スハ	スハ	スハ	スハフ

203レ「大和」(天1・名附2)東京→湊町

14	13	12	11	10	9	8	7	6	5	4	3	2	1	
スハ	スハ	スハ	オハネ17	スロ54	オロネ10	スハフ	スハフ	ナハネ10	スロ54	オハネ17	スハネ30	スハネ30	マロネ41	マニ

2106レ「しらはま」(天3・天附1)天王寺→白浜口(準急・不定期)

1	2	3	4	5	6	7
オハフ	スロ60	スロ61	オハ	オハ	オハ	オハフ

3106レ「くろしお」(天4)天王寺→白浜口(準急・不定期)

1	2	3	4	5	6	7
サハ	オロフ50	スハ	オハ	オハ	オハ	オハフ

603レ「阿蘇」(名1)名古屋→熊本

11	10	9		増		4	3	2	1	
ナハフ	ナハ	ナハフ	ナハ	ナハ	ナハ	ナハ	マシ49	スハネ30	スロ51	スロ60	オロネ10	マニ	スユ

2807レ「きそ」(名21)名古屋→長野(準急)

8	7	6	5	4	3	2	1		
オハフ	オハ	オハ	オハ	オハ	オロ61	スハフ	スハ	スユニ10	スニ

1807レ「おんたけ」(名121)名古屋→長野(準急・不定期)

9	8	7	6	5	4	3	2	1
スハフ	オハ	オハフ	オハ	オハ	オハ	オハ	オロ61	スハフ

501レ「日本海」(大4)大阪→青森

1	2	3	4	5	6	7	8	9	10	11	12
オユ	オロ61	オロ61	スハネ30	オシ17	スハ	スハ	スハ	スハ	スハフ	スハフ	オロネ10	ナハネ10

503レ「立山」(大5)大阪→富山

1	2	3	4	5	6	7	8	9	10	11	12
スハフ	スハ	スハ	スハ	スハフ	スハフ	スハ	スハ	オロ61	オロ61	スハ	スハ	スハフ

505レ「つるぎ」(大6)大阪→富山

1	2	3	4	5	6	7	8	9	10	11	12
スハフ	スハ	スハ	スハ	スハ	スハフ	スハフ	スハ	スハ	スハ	スハ	スハフ

1201レ「第2日向」(大9)大阪→南延岡(不定期)

12	11	10	9	8	7	6	5	4	3	2	1
スハフ	スハ	スハ	スハ	スハ	スハ	スハ	スハ	スハ	スハ	スロ50	スハフ

205レ「玄海」(大21)大阪→長崎

12	11	10	9	8	7	6	5	4	3	2	1		
スハフ	スハ	スハフ	オハ	オハ	オハ	オハ	マシ29	スハネ17	ナハネ11	スロ54	スロ54	オロネ10	マニ	マニ

2201レ「しろやま」(大22)大阪→西鹿児島

12	11	10	9	8	7	6	5	4	3	2	1
スハフ	スハ	スハフ	オハ	オハ	オハ	オハ	オハネ17	オハネ17	オハネ17	スロ60	オハフ

23レ「安芸」(中1)東京→広島

14	13	12	11	10	9	8	7	6	5	4	3	2	1	
ナハネ10	オハネ17	スハネ30	スハフ	スハフ	オハネ17	ナハネ11	ナハネ11	ナハネ11	マシ38	オハネ17	ナハネ11	スロ54	オロネ10	マニ

2305レ「ななうら」(中3)京都→下関

8	7	6	5	4	3	2	1		
スハフ	スハ	スハ	スハ	スハ	スハ	スロ51	スハ	スハフ	マニ

701レ「三瓶」(米9)大阪→浜田

9	8	7	6	5	4	3	2	1	
オハフ	ナハ	ナハ	ナハ	オハ	スハフ	オハ	スロ51	スロ54	マニ

33レ「雲仙・西海」(門1・門2)東京→長崎・佐世保

11	10	9	8	7	6	5	4	3	2	1	増		
スハフ	スハフ	オハ	スハネ30	スロ54	ナハフ	ナハフ	ナハ	ナハ	オシ17	スハネ	スロ51	スハ	マニ	オユ

1207レ「はやとも」(門3)大阪→博多(不定期)

13	12	11	10	9	8	7	6	5	4	3	2	1
スハフ	スハ	スハ	スハ	スハ	スハ	スハ	スハ	オハ	オハ	スロ51	スハフ	

209レ「平戸」(門4)大阪→佐世保

13	12	11	10	9	8	7	6	5	4	3	2	1
スハフ	オハ	オハ	オハ	オハ	オハ	オハ	ナハネ11	スハネ11	ナハネ11	スロ51	スロ54	オハフ

■1952（昭和27）～1955年度

蛍光灯付きのスロ54が増備されて、また玉突きが始まる。スロ54は「銀河」「彗星」「月光」「筑紫」「北斗」などに連結、これがいわばA級急行だろうか。特急「かもめ」は1953（昭和28）年3月の運転開始時からスロ54を連結したが、「つばめ」「はと」は依然としてスロ60を使用していた。専務車掌室を付けた100番代が必要だったことと、座席定員が少ないゆったりした設計が特急用として意味があったのだろう。

特ロが充足してきたことで、途中までの連結だった急行「日本海」も、大阪～青森全区間で運転されるようになった。

■1956（昭和31）年度

11月の東海道線全線電化に合わせた全国ダイヤ改正が行われた。「つばめ」「はと」は食堂車にオシ17、特ロはスロ54に変更され、ダイヤ改正初日から淡緑色に塗り替えた「青大将」車輌が投入された。これによって浮いたスロ60は再び「銀河」に連結、東北方面にも「十和田」に使われ

31レ「霧島」(鹿1)東京→鹿児島

14	13	12	11	10	9	8	7	6	5	4	3	2	1	
スハフ	オハ	オハ	ナハ	ナハ	ナハ	ナハ	ナハ	オシ17	ナロ10	ナロ10	オハネ17	オハネ17	オハネ17	マニ

35レ「高千穂」(鹿2)東京→西鹿児島

14	13	12	11	10	9	8	7	6	5	4	3	2	1	
スハフ	スハフ	ナハフ	ナハ	ナハフ	ナハ	ナハ	ナハ	ナハネ11	オシ17	ナハネ11	オハネ17	ナロ10	ナロ10	マニ

201レ「日向」(鹿3)京都→都城

12	11	10	9	8	7	6	5	4	3	2	1
スハフ	スハ	オハフ	オハ	オハ	オハ	ナロ10	ナハネ11	オハネ17	ナハネ11	マロネ41	マニ

35レ「吾妻」(仙3)上野→仙台・会津若松

1	2	3	4	5	6	7	8	9	10	11	12
マニ	オロ61	オロ61	オシ17	スハ	スハフ	スハフ		オロ61	スハ	スハフ	

37レ「第1松島」(仙4)上野→仙台・山形

1	2	3	4	5	6	7	8	9	10	11	12
マニ	オロ61	オロ61	オシ17	スハ	スハ	スハフ	スハフ	オロ61	スハ	スハ	スハフ

109レ「しのぶ2」(仙5)上野→仙台(準急)

		1	2	3	4	5	6	7	8	9	10	11	12
マユ	マニ	マニ	オロ61	スハ	スハ	オハ	スハフ	ナハネ17	オハネ17	オロ61	スハ	スハ	スハフ

1033レ「ひめかみ」(仙6・仙7)上野→仙台(不定期)

1	2	3	4	5	6	7	8	9	10	11	12
スハフ	オロ61	スハ	スハ	スハ	スハフ		オロ61	スハ	スハ	スハ	

107レ「しのぶ1」(仙8)上野→福島(準急)

1	2	3	4	5	6	7	8	9
スハフ	オロ61	スハ	スハ	スハ	スハ	スハフ	スハ	スハフ

401レ「鳥海・第1ばんだい」(秋1・東45)上野→秋田・喜多方

	1	2	3	4	5	6	7	8	9	10	11	12	13
スユ	スハフ	オロ61	オロ61	オシ17	ナハ	ナハ	ナハ	スハフ	スハ	オロ61	スハ	スハ	スハフ

801レ「羽黒」(秋2)上野→秋田

1	2	3	4	5	6	7	8
マニ	オロネ10	スロ51	ナハネ17	オハネ30	オハ	オハ	オハフ

39レ「八甲田」(盛1)上野→青森

1	2	3	4	5	6	7	8	9	10	11	12
マニ	マニ	オロ61	オロ61	スハネ30	ナハ	ナハ	ナハ	スハフ	スハ	スハフ	スハフ

33レ「北星」(盛1)上野→盛岡

1	2	3	4	5	6	7	8	9	10
スユ	スハフ	オロネ10	オロ61	オロ61	スハネ30	ナハ	ナハ	ナハ	スハフ

11レ「みちのく」(盛21)上野→青森

1	2	3	4	5	6	7	8	9	10	11	12
マニ	オロ61	オロ61	スシ48	ナハ	スハ	ナハ	スハ	スハフ	オハ	オハ	オハフ

15レ「十和田」(盛2)上野→青森

1	2	3	4	5	6	7	8	9	10	11
マニ	マニ	オロ61	オロ61	スシ48	ナハ	ナハ	ナハ	ナハ	ナハ	スハフ

17レ「まりも」(函1)函館→釧路

1	2	3	4	5	6	7	8	9	10	11	12
マニ	スユニ	オロネ10	ナハネ11	オハネ17	オハネ17	スハフ	スロ52	スロ52	マシ35	スハ	スハフ

1011レ「石狩」(札22)函館→札幌(不定期)

1	2	3	4	5	6	7
スハフ	スロ52	スハシ38	スハ	スハ	スハ	スハフ

鉄道友の会客車気動車研究会資料による。カッコ内は運用番号。

●1966(昭和41)年度末の特口配置と使用列車

配置局	配置区	列車番号	愛称	連結区間	車種	輛数
釧路	釧路	423		小樽～釧路	スロ52	3
札幌	札幌	3201～3202	石狩	函館～札幌	スロ52	9
		517～518	石北	札幌～網走		
		27～28	まりも	札幌～釧路	スロフ52	1
		317～318	利尻	札幌～稚内		
青函	函館	105～106	ていね	函館～札幌	スロ52	6
		1217～1216	たるまえ	函館～札幌	スロフ52	1
盛岡	青森	403～104	第2津軽	上野～青森	オロ61	22
		103～404	八甲田	上野～青森	オロフ61	5
		201～202	第2・第1みちのく	上野～青森		
		209～210	第4・第1十和田	上野～青森		
		203～204	第1・第4十和田	上野～青森		
秋田	秋田	1401～1402	たざわ	上野～秋田	オロ61	9
		801～802	羽黒	上野～秋田	オロフ61	4
仙台	仙台	111～112	しのぶ	上野～仙台	オロ61 / オロフ61	3
新潟	新潟				スロ60 / スロフ53 / オロフ61	2 / 1 / 1
東京	品川	21～22	さぬき	東京～宇野	スロ54	7
		27～28	瀬戸	東京～宇野	スロ54	4
		23～24	出雲	東京～浜田	スロフ53	11※
		201～202	那智	東京～紀伊勝浦	ナロ10	4
		901～902	能登	東京～金沢	オロ61	2
		1815～1816	いこい	東京～伊東・修善寺	オロ61	2
	尾久	835～848		東京～熱海	スロ60	2
		1403～1404	第2・第1ばんだい	上野～会津若松	オロ61	3
		111～112	ひばり	上野～会津若松	オロ61	4
		1403～1404	第2・第1ざおう	上野～山形	オロ61	2
		1405～1406	おが	上野～秋田	オロ61	2
		401～402	第1・第2津軽	上野～青森	オロ61	4
		1401～1402	第1・第2ばんだい	上野～喜多方	オロ61	1
		603～604	越前	上野～福井	オロ61	2
		3311～3312	高原	上野～長野	オロ61	2
		205～206	第2・第3十和田	上野～青森	オロ61	4
		207～208	第3・第2十和田	上野～青森	オロ61	4
		3209～3210	おいらせ	上野～青森	オロ61	2
		421～422		上野～青森	オロ61	
	共通予備				スロ50 / スロ60 / オロ61 / スロフ51 / オロフ61	5 / 6 / 4
長野	長野	411～412	上高地	新宿～長野	オロ61	5
		3411～3412	白樺	新宿～松本		
名古屋	名古屋	1205～1206	阿蘇	名古屋～熊本	スロ54	10
		1201～1202	天草	大阪～熊本		
		3813～3814	おんたけ	名古屋～長野	オロ61	5
	共通予備				スロ51 / スロ60 / スロフ53	6 / 2 / 4

配置局	配置区	列車番号	愛称	連結区間	車種	輛数
金沢	金沢	601～602	白山	上野～福井	オロ61	11
		605～606	黒部	上野～金沢		
		1601～1602	北陸	上野～金沢		
大阪	宮原	201～202	しろやま	大阪～西鹿児島	スロ54	3
		501～502	日本海	大阪～青森	オロ61	6
		701～702	おき	大阪～大社	スロ51	6
		3203～3204	第2日向	大阪～南延岡		
		143～144		東京～大阪～		
	向日町	203～204	夕月	新大阪～宮崎	スロ54	8
		207～208	玄海	京都～長崎		
		3201～3202	第2桜島	大阪～西鹿児島		
		621・623～622・624		大阪・京都～宇野	スロフ53	7
	共通予備				スロ50 / スロ51 / スロ54 / スロ60 / オロ61 / スロフ51 / スロフ53 / オロフ61	2 / 1 / 2 / 6 / 5 / 2 / 2 / 2
天王寺	竜華	9118～9115	しらはま	天王寺～白浜口	スロ51	9
		9116～9117	きのくに	天王寺～白浜口		
		201～202	伊勢	東京～鳥羽		
		921～924		天王寺～名古屋		
	共通予備				スロ50 / スロ60 / スロフ53	1 / 8 / 2
米子	米子	829～826		京都～出雲市	スロ51 / スロ60	3 / 3
広島	広島	311～312			スロ54	3
門司	早岐	31～32	西海	東京～佐世保	スロ54	8
		209～210	平戸	京都～佐世保		
	竹下	801～802	しまね	米子～博多	スロフ53	2
	長崎	31～32	雲仙	京都～長崎	スロ54	4
		3207～3208	第2玄海	大阪～長崎	スロ51	2
	共通予備				ナロ10 / スロ51 / スロ54 / スロフ51 / スロフ53	1 / 2 / 2 / 2 / 3
鹿児島	鹿児島	33～34	高千穂	東京～西鹿児島	ナロ10	10
		35～36	霧島	東京～西鹿児島	ナロ10	5
		101～102	はやと	門司港～西鹿児島	ナロ10	5
	都城	3201～3202	桜島	大阪～西鹿児島	ナロ10	7
		1203～1204	日向	京都～都城	オハ11	
	共通予備				ナロ10 / スロ50 / スロ51	4 / 2 / 2

鉄道友の会客車気動車研究会資料による。　※は予備車を含む。

た。スロ50は10輛という小所帯で、「日本海」に使われていたが、京都発の九州急行が設定されると、運用に組み込まれた。

■1957（昭和32）～1958年度
軽量客車でナロ10が登場、「つばめ」「はと」の他、新設特急「はつかり」にも充当され、青大将、または「はつかり」色で運転された。新登場の20系ナロ20は3輛が「あさかぜ」に組み込まれた[※2]。

■1959（昭和34）～1963年度
1960（昭和35）年のダイヤ改正で「つばめ」「はと」は電車化、「はつかり」もDC化されて、特急専用だったナロ10が大量に余剰となった。半数以上が鹿児島局に転属し、廃車

になるまで「ナロ10は九州急行」とのイメージが定着した。

この時期の特ロ運用に大きな変化が出たのが、東北線福島電化での電気暖房採用である。50代、60代の特ロでは構造的な要因で電暖化できなかったため、オハ61を改造したオロ61を作り、尾久、秋田、仙台区などに配置した。これまで東北地区の急行は、他線区と同様にスロ51～60までの形式が使われていたが、常磐線経由の急行を除きオロ61に置き替えたため、ここでも玉突き配転が起きた。

常磐急行も1961（昭和36）年の水戸電化で電暖線区になるため、上野駅を発着する急行は上信越方面を除けばオロ61ばかりとなった。北陸線でも同時期の金沢電化から電暖を導入したため、宮原区に電暖オロ61が登場した。

1961（昭和36）年年10月には白紙改正が行われ全国にDC特急が運転された。キハ58系急行気動車も大量増備され

---

column 高校生の東北特ロ周遊旅行

「均一周遊券」といえば、1960～70年代に旅行をした学生の必需品だった。指定地域内では、特急以外の自由席は乗り放題だったから、蒸気機関車の撮影や乗りつぶしのファンには願ってもない。北海道や九州は島内に何本も夜行列車が走っていたから、これを組み合わせれば宿泊代を浮かせて旅行を続けることも可能だった。「周遊券があれば、あとは食費だけ」で2週間を過ごす体力派の若者もいた。

つまり「均一周遊券」は「学生の貧乏旅行」というイメージと不可分だったのだが、商品自体には2等だけでなく1等の「均一」も存在した。おおむね2等の倍の料金だったし、学生は学割を使うから料金差はさらに開く。従って学生とは無縁の周遊券になるのだが、これを使って3人の高校生が1965（昭和40）年の春に東北を一周した。なぜそんな贅沢ができたのか。実は当時の国鉄の運賃制度に様々な特例が設けられていて、それを利用すると安上がりの1等旅行ができたからだ。

当時の国鉄は1等と2等の2級制だった。2等の乗車券を持っている乗客が1等を利用したい場合は、車内で車掌に申し出ればよい。「上級変更」という取り扱いで、差額を払って1等に乗車できる。そして逆の制度もあった。1等の乗車券を持っていて、2等に移る場合は、差額を払い戻してくれる。これを「下級変更」といい、うまく活用すれば正規料金がどんどん値引きされた形になる。

当然ながら条件があった。乗った列車に1等車が連結されていなかったり、1等車が満員で座れなかったりした場合で、車掌に申し出て不乗証明書をもらい、これを下車駅で切符とともに差し出すと差額を払い戻す方式である。常識的には普通の乗車券だけが対象と思うが、当時は1等均一周遊券にもこの制度が適用された。

払い戻し額は裏面に記載し、累計額が1等と2等の周遊券の差額に達するまで可能だった。この時の東北周遊券は2等が3,600円（学割2,640円）、1等が7,000円で、払い戻し上限は3,400円になる。つまり1等車が連結されていない列車を選んで乗り、この制度を活用すれば、2等周遊券の料金でそれ以外の路線では1等旅行が楽しめる。当時の国鉄は列車ごとの設備が統一されていなかった線区も多く、例えば仙台と山形を結ぶ仙山線では、客車を使った普通列車には1等車があるのに、DC準急には連結されていない。

この仕組みは法政大学の長澤規矩也教授の『旅の入れぢえ』（1964年発行、真珠書院）で紹介されている。長澤教授は中

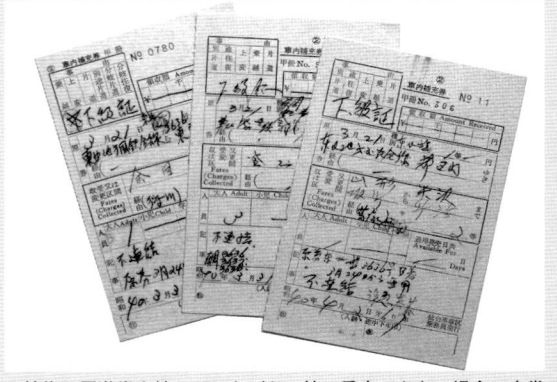

1等均一周遊券を持っていながら1等に乗車できない場合に車掌が発券した「下級証」。　　　　　　　　所蔵：工房Nishi

国文学が専門だが、国鉄の旅客営業制度に詳しく、他にも切符の安い買い方などを紹介する著作がある。この本に触発された高校生が、1等の東北周遊旅行を思い立った。

一行は上野発の急行「おいらせ」でオロ61の自由席を利用しまず仙台経由で石巻に向かう。そこから仙台に戻る際、小牛田から乗車した準急「くりこま1号」の1等車は満員で、車掌に証明書を発行してもらい、仙台駅で第1号の払い戻しを受けた。その日は郡山から急行「八甲田」に乗車するが1等車は満員。ここでも2等車の通路で寝袋を使い下級証をもらう。

このような旅行を繰り返し、差額を蓄積していったが、さて決算はどうだっただろうか。正確な収支は残っていないが、周遊券の裏面にある払い戻しの記載事項を合計すると、累計は2,500円程度だったようだ。つまり実質的には4,500円で特ロ旅行を楽しんだ計算になる。頑張れば上限近くまで払い戻しを受けることはできたそうだが、一行の誤算だったのは、駅での清算の際に大半の駅員がこの制度を理解しておらず、何人もが集まって分厚い旅客営業規則をひっくり返して確認するような事態になり、時間ばかりかかってラチがあかなかったという。

下級変更の制度は1966（昭和41）年には均一周遊券には適用しないことに制度が変わったようだ。そして1969（昭和44）年には等級制度が廃止になってグリーン車が登場し、「入れぢえ」も過去のものとなった。

て、徐々に客車列車の先行きに陰りが見え
た時期である。

■1964（昭和39）〜1966年度
　東海道新幹線が開業した1964（昭和39）
年10月改正では、東海道線の電車特急が
廃止された。客車急行は東京〜大阪間の寝
台列車が若干廃止になったものの、意外に
削減は少なく、「霧島」などの九州行列車も
存続した。
　開業後の新幹線への乗客の転移は予想を
大きく上回り、1965（昭和40）年10月改正
では、東海道線急行の大幅削減が実施さ
れ、このころから特ロははっきり余剰時代を迎えた。準急
列車への連結も進み、置き替えが未了だった北海道の準急
列車が特ロになったのは、1965（昭和40）年春のことだっ
た。特ロ化は、まだ残っていた普通列車の1等車にも及
び、並ロが置き替えられていく。
　この時期には特ロの冷房化が動き出す。対象となったの
はスロ54、オロ61、オロフ61、ナロ10の4形式で、ここ
から外れた形式は優等列車の定期運用には使用されないこ
とを意味した[3]。

■1967（昭和42）〜1970年度
　冷房化が1968（昭和43）年度で終了し、優等列車は冷房
車に限定された。1等車を連結するような幹線の普通列車
もどんどん廃止や電車化され、非冷房車を中心に一気に他
形式への改造や廃車が進み出した。団体臨時列車にも余剰
の出た冷房車が進出、非冷房の特ロは1970（昭和45）年度
までに大半が姿を消した。
　1968（昭和43）年10月の白紙ダイヤ改正では、中間の優
等列車は電車特急、夜間は客車の寝台特急となり、伝統的
な客車急行はますます数が減少した。九州急行の老舗の
「霧島」「高千穂」は併結運転となるなど、運用の合理化が進
んだ。「さくら」「はやぶさ」に連結されていたナロ20は寝
台車に改造されて、運用は「あさかぜ」だけになった。

■1971（昭和46）〜1975年度
　山陽新幹線の延伸に合わせて、九州行客車急行は東京発
だけでなく、関西発も大幅に削減された。一番影響を受け
たのが、ほぼ九州急行専用となっていたオロ11で、全車
が電気暖房を未搭載だったために他線区への転用も効か
ず、1974（昭和49）年度で大半が廃車になった。スロ54、
62もこのあたりから毎年度まとまった廃車が出るように
なり、特ロは終幕に向かう。

昭和40年代には東海道線の普通列車にも特ロが連結されるようになった。141列車。
1966.9.30　藤沢－辻堂　P：和田 洋

■1976（昭和51）〜1983年度
　1976（昭和51）年度末に78輌まで減少した特ロ・ロフ
は、毎年度じりじり減少していく。1980（昭和55）年度の
段階で特ロの定期運用が残った急行は、北海道の「大雪」、
羽越線の「鳥海」などごくわずかで、いずれも1982（昭和
57）年11月のダイヤ改正で14系や電車に置き替えられて消
滅した。残った18輌の特ロ・ロフも1983（昭和58）年度に
全車廃車になり、34年間に及んだ特ロの歴史に終止符が
打たれた。

※1 客車の配置、常備駅：機関車や電車などの動力車と違い、客車・貨車
は明治以来の伝統で車輌の運用権は運転系ではなく営業系にあった。このた
め機関車は「〇〇機関区配置」という形になるが、客車は「××駅常備」という
位置付けで、駅に隣接する客車区（当時は検車区）が保守を担当する仕組みだ
った。大阪地区の車両基地である宮原には旅客営業をする駅はなく、客車は
「宮原操車場駅常備」が正式の形態である。客車に記載される略称も当時は「大
ミハソ」と標記した。本書では分かりにくくなるため、「〇〇客車区に配置」と
いった表現にしている。

※2 客車の動きとデータの再現配置：1964（昭和39）年以降は、「車両配
置表」が毎年発行されるようになり、車輌の運用に関する基本的なデータが把
握しやすくなる。それ以前は乏しい資料を組み合わせて、熱心なファンは車
輌の動きを追跡した。国鉄の発行する「鉄道公報」には、車輌の新製、改造、
転配属、廃車が公示され、公式の資料として価値が高い。ただ客車の移動に
関しては、支社間の動きしか掲載されず、支社内、管理局内の配置替えは支
社報、局報を見ないと把握できなかった。昭和30年代になると、鉄道友の会
の客車気動車研究会（当時は客貨車気動車部会）のメンバーの努力で、こうし
た各地の客車の動きをまとめる活動が続き、管理局が発行する局の配置表を
集めて資料として残す動きも現れた。今回の昭和20、30年代の特ロの配置
状況はこうした資料を積み上げて作成した。ある時点で全国のデータがそろ
うわけではなく、前後の断片的なデータから類推せざるをえない場合もある
が、特ロの配置状況の推移はほぼ再現できたと考えている。当時の客車ファ
ン各位の努力に改めて敬意を表する次第だ。

※3 非冷房車の使用：冷房は夏季だけの使用なので、それ以外の季節は非
冷房車もサービス面でのハンディはない。このため車輌需給がひっ迫してい
る時期は、冷房車の検査時期を夏以外の時期に合わせ、その間は非冷房車を
定期運用に投入するような工夫もみられた。ただ冷房車にも余剰が出て運用
に余裕が出ると、非冷房車をわざわざ活用する必要はなくなる。

●主要諸元表

形式	ナロ10	ナロ20	スロ50	スロ51	スロ52	スロ53	スロ54	スロ60	オロ61 オロフ61
定員（人）	48	48	48	52	52	48	48	48	44
自重（t）	26.9	29.8〜29.9	38.5	36.5〜37.8	37.7	38.0〜38.2	37.3〜38.5	37.2〜38.6	33.8
最大長（mm）	20,000	20,500	20,018	20,000	20,000	20,000	20,000	20,000	20,000
最大高（mm）	4,020	4,090	4,020	4,020	4,020	4,020	4,020	4,020	4,020
車体外部の長（mm）	19,500	20,000	19,370	19,500	19,500	19,500	19,500	19,370	19,505
車体外部の幅（mm）	2,903	2,903	2,805	2,805	2,805	2,805	2,805	2,805	2,805
台車形式	TR50B	TR55 TR55A	TR40B	TR40B	TR40B	TR40B	TR40B	TR40B	TR52A
台車中心距離（mm）	14,000	14,150	14,176	14,000	14,000	14,000	14,000	14,176	14,000

（冷房化後）　※TR23・23Dは23Hに改造された。

形式	オロ11	スロ54	スロ62 スロフ62
定員（人）	48	48	44
自重（t）	30.1〜30.9	37.2〜38.3	37.2〜38.5
最大長（mm）	20,000	20,000	20,000
最大幅（mm）	2,950	2,900	2,900
最大高（mm）	4,020	4,020	4,020
車体外部の長（mm）	19,500	19,500	19,505
車体外部の幅（mm）	2,903	2,805	2,805
台車形式	TR50B	TR23・TR23D TR23E※	TR52A
台車中心距離（mm）	14,000	14,000	14,000

1960年代の特口配置状況の推移

配置局	配置区	1961(昭和36)年6月 ナロ61が登場、順次電暖線区に投入	1962(昭和37)年10月	1963(昭和38)年度末	1966(昭和41)年度末 冷房化が開始、余剰車が出て改造が始まる	1968(昭和43)年度末 冷房化が終了	1971(昭和46)年度末	配置区
東京	品川	ナロ20 1・5・51~54 ナロ53 10・23~30 スロ54 9~13・18~21・31~35・39~47 スロ60 23~26	ナロ20 1~5・51~54 スロ51 4・11~17・26~28 スロ53 10・23~27・29・30 スロ54 1~5・12・13・18~21・ スロ60 31・40~47 ナロ61 19~25 スロ753 110・111・ 2055・2107~2109 1~3・6	ナロ20 1~5・51~54 スロ51 28~33 スロ54 4・11~17・26~28 スロ60 12・13・18~21・40~47 ナロ61 19~25 スロ753 2055・2107~2111 1~12	ナロ20 1~5・51~54 ナロ10 30~33 スロ50 4・6・9・10 スロ54 2018・2019・2021・2040・ 2043・2045・2046 スロ60 19~21・23~26・117・118 スロ751 2108~2111 スロ753 2016・2017・2026・2028 ナロ761 2・12	ナロ20 4・5・54 オロ11 30~33 スロ54 2021~2040・2043 2002~2004・2044 オロ62 4~6・9・10 2109~2111 スロ751 2026・2027 スロ753 10~12 スロ762 2004~2007・2010・2011	ナロ20 4・5・54 オロ11 30~32	品川
東京	尾久	スロ54 28・29 スロ60 36~38 ナロ61 117・118 2001~2007・2022 2023・2029~2035	スロ60 28・29 36~38 ナロ61 117・118 2001~2007・2022 2023・2029~2035 2054・2087~2096	スロ54 32~39 スロ60 26・117・118 ナロ61 2001~2007・2022・2013~ 2015・2029~2035・2054 2087~2096	オロ61 2002~2007・2015・ 2022・2023・2029~ 2035・2040・2041 2054・2055・2087・ 2090~2096・2107	オロ62 2005~2007・2022 2023・2029~2031 2035・2040・2041 2051・2054・2055 2072・2087・2090・ 2096・2107 2016・2017	スロ54 2021 オロ62 2002・2007・2022・2023 2029~2031・2035・2040 2041・2044・2051・2054 2055・2072・2087・2090 2092~2094・2096・2107 2110 2012・2013・2024・2025	尾久
大阪	宮原	スロ50 30~33 スロ53 1・2 スロ54 19~22 スロ60 14・17・22~24 ナロ61 6~12・19・20・113~116 101~106	スロ50 6~8 スロ60 113~116 ナロ61 2056~2071	スロ50 7・8 スロ60 115・116 ナロ753 2016・2059~2071 25・26	スロ50 7・8 スロ51 32・33・57・58・ スロ54 2018~2020 ナロ61 1~3・12 2061~2071 ナロ761 2008・2009	スロ52 2~4 スロ54 32・33・57・58 オロ62 2013・2031・2032・ スロ762 2036~2038 2061~2070 2008・2009	スロ54 22・24 オロ62 32・33・57~58 スロ762 2046・2047・2061・2062 2067・2069~2070・2073 2020~2022	宮原
大阪	向日町	スロ51 11~15・26 ナロ61 1~8 21・22	スロ51 11・15・26 スロ53 1~8 スロ54 21・22	スロ50 1~4 スロ54 14~17 スロ60 1・2・27・28・113・114 スロ753 13~18	スロ50 1~4 スロ54 14~17 スロ60 1・2・27・28・113・116 スロ751 2039・2056 スロ753 15・16・18~27	スロ54 15~17・22~24 スロ60 26・29・2032 スロ751 2046~2050 スロ753 2039・2056 15・16・18・27	スロ54 17・23・29・2013・2031 スロ62 2020・2048~2050 スロ762 2008~2009・2019・2021 15・16・18・27	向日町
大阪	京都	スロ50 3~10 スロ60 1~5	スロ50 5~8	スロ50 5・9・10	スロ52 15~17 スロ752 1	スロ52 7~9・15~17		京都
釧路	釧路		スロ52 1~4	スロ51 48・49 スロ52 1~4	スロ51 48・49 1~4	オロ51 1・6・13・14・18 スロ54 8・10・504~506		釧路
札幌	札幌		スロ52 1~4	スロ51 48・49 1~4	スロ52 15~17 スロ752 1	スロ52 7・9・15~17 スロ54 1・6・13・14・18 スロ752 8・10・504~506 1	スロ54 504~511	札幌
函館	函館	スロ52 1~12	スロ52 1~12	スロ52 5~12	スロ52 5~12 スロ752 2	スロ54 10~12 オロ62 7~12 スロ752 1	スロ54 501~503 スロ62 501・503	函館
青森	青森	スロ51 11~15・26 スロ54 1~8 スロ60 21・22	スロ51 スロ53 スロ54	2043~2053 2072~2086	スロ60 2042~2053・2072~ オロ761 2077・2083~2086 2011~2015	オロ62 2036・2039・2052・ 2053・2073~2077・ 2083~2086 スロ762 2002・2012~2015	スロ62 2052・2053・2074~ スロ762 2076・2083~2086 2014・2015・2023	青森
盛岡	盛岡	スロ53 6~8	オロ61 6~8	ナロ61 2042~2044	オロ61 2017・2021・2026 2028・2036・2039 2002	スロ62 2017・2019・2021・2026 スロ762 2028・2036・2039 2002・2012・2015	スロ62 2017・2019・2021・2026	盛岡
秋田	秋田	スロ51 48・49 オロ61 2018・2021	スロ51 48・49 オロ61 2019・2021 2039~2041	2017~2021 2039~2041	オロ61 2017・2021・2026 2028・2036・2039 2002	スロ51 2017・2019・2021・2026 スロ54 2028・2036・2039 2003	スロ54 2021・2026・2039	秋田
仙台	仙台	オロ61 2008~2017・ 2024~2028	オロ61 2008・2018・ 2024・2028	オロ61 2024~2028・2042 ナロ761 2002・2003	オロ61 2027~2028・2037・2038 ナロ761 2002・2003	スロ51 2018~2020 スロ62 2027・2028・2037・2038 スロ762 2003	スロ62 2037・2038 スロ762 2003	仙台
仙台	福島							福島
新潟	新潟	スロ51 51・56・57 スロ60 27~30	スロ51 39・51・52・56・57 スロ60 28~30	57 30 スロ753 28 ナロ761 2001	スロ60 30 スロ753 28	スロ62 2042 スロ762 2001	スロ62 2015・2032・2071 スロ762 2001・2026	新潟

配置局	配置区	1961(昭和36)年6月	1962(昭和37)年10月	1963(昭和38)年度末	1966(昭和41)年末	1968(昭和43)年度末	1971(昭和46)年度末	配置区
新潟	直江津		スロ54 9〜11 スロ60 27	スロ54 11 スロ60 29	スロ60 29	スロ62 スロ51		直江津
	酒田				29	スロ51 35	スロ51	酒田
名古屋	名古屋	スロ53 11〜13	スロ51 21・25・40・47・58 スロ53 11〜13 スロ60 4〜7 オロ61 106・112〜115	スロ51 21〜25・40・47・58 スロ54 1〜3 スロ60 3〜7 オロ61 104〜106・113・2112 スロ753 19・21	スロ51 2025・2029・2040・2047 11・1・20・2036〜2039・ 2041・2042・2044・2047 オロ61 2013・2014・2024・ 2112・2115 スロ753 2019・2021	スロ62 2040・2047 スロ54 2018・2019・2039・ 2041・2042・2044・2047 オロ61 101・2013・2014・2018・ 2024・2025・2033・ 2112・2114・2115 スロ753 2019・2021	スロ54 2018・2019・2039 2041〜2044・2047 スロ62 2018・2019・2024 2025・2112 スロ762 2010・2011・2032・2033	名古屋
	米原				スロ51 2022・2023 スロ60 4・7 スロ753 2020・2024	スロ51 2022・2023・2025・2029 スロ753 2020・2024		米原
長野	長野		オロ61 101〜105	オロ61 102・103・2114・2115	オロ61 102・2025・2114			長野
	松本			オロ61 29 オロ61 101	オロ61 101・106			松本
静岡	沼津			スロ51 46 スロ753 20				沼津
金沢	金沢	スロ51 27・29・46・47	スロ51 27・29・46・47 スロ60 1〜3	オロ61 2008〜2012・ 2056〜2058 スロ753 24	オロ61 2008〜2012・2056	オロ61 2008・2012・2034・ 2043・2045・2056〜 2058・2108 スロ753 2017・2025・2026	スロ62 2011・2027・2028・ 2056〜2058 スロ62 2025 スロ753 2017・2027	金沢
	福井						スロ762 2059・2060・2108	福井
	富山					スロ62 2016・2059・2060	スロ62 2003・2004	富山
天王寺	竜華	スロ53 1・2・16・17	スロ53 1・2・9 スロ60 8〜12	スロ51 39・51・52・56 スロ54 33〜35 スロ60 8〜12 スロ753 22〜23	スロ51 15・41・42・46・51・52 スロ60 1・2・8〜12・28 スロ753 22・23	スロ51 36・37・41・42・46・51・52 スロ54 1〜3・15 スロ753 2・22・23・28・29	オロ11 2〜4・33 スロ54 11・15・16・20 スロ762 2028・2029	竜華
	伊勢	スロ53 4・5・9	スロ53 4・5	スロ51 31・32	スロ50 3 スロ51 35〜37			伊勢
米子	浜田		スロ51 18〜20 スロ54 22〜24	スロ51 18〜20 スロ54 22〜24				浜田
	出雲				スロ51 21・24・28 スロ60 3・5・6	スロ51 21・24・28		出雲
広島	広島	スロ51 1・4・21・22・39・52 スロ53 3・14・15・18	スロ51 1〜3 スロ53 3・14・15・18	スロ51 1〜3 スロ54 4・5・9・10 スロ753 27	スロ51 1〜3 スロ54 4・5・9	スロ54 4・5・9	スロ54 4・5・9	広島
門司	門司港	スロ51 19・20	スロ51 19・20					門司港
	竹下	ナロ10 19〜27	スロ51 32〜34・45	スロ51 32〜34・45 スロ753 29・30	スロ753 1・13・14	6・11・20	スロ54 6・12・33〜35	竹下
	早岐	スロ51 17・18・32〜38・41〜45	ナロ10 1 スロ51 35・38・41〜44・59 スロ54 6〜8	ナロ10 1 スロ51 35・38・41〜44・59 スロ54 6〜8	6・7・25・27・28・30・ 34・35・2013・2031	スロ51 34・45・59・60 スロ54 12・33〜35 スロ751 38・43		早岐
	長崎	スロ54 25〜30 スロ51 16	スロ51 60 スロ54 25〜30	スロ51 60 スロ54 25〜30	1 44・45・59・60 8・10・14・33	オロ11 1・5〜8	オロ11 5〜8 スロ54 26	長崎
	鳥栖				34 スロ751 38・43 スロ753 29・30		スロ54 2040・2045・2046 スロ762 2030・2031	鳥栖
熊本	熊本	スロ51 23〜25・40・58〜60	ナロ10 2〜10・15〜27	ナロ10 2〜10・15〜27	ナロ10 2〜10・17〜27・29 スロ50 1・2	オロ11 9・10・17〜27・29 スロ753 14・30	オロ11 1・9・10・17〜27・29	熊本
鹿児島	鹿児島	ナロ10 1〜18	ナロ10 11〜14	ナロ10 11〜14	ナロ11 11〜16・28 1・2	オロ11 11〜16・28	オロ11 11〜16・28	鹿児島
	都城							都城

伊勢は1961年は宇治山田。鉄道省の客貨車動車研究会資料。「旅客車の現況」などを集成。

6. 編成記録

　30年以上に渡り全国を走破した特ロについては、多くのファンが編成記録を残しており、膨大な分量になっている。1970年代以降の記録は色々な媒体に取り上げられていることもあり、スペースの関係で本書では1950年代を中心に掲載した。冷房化後の記録が足りない点はご容赦いただきたい。

■特急列車

　戦後に復活した特急「へいわ」には、4人掛けボックスシートのオロ40が使われた（1）。これがレベルが低いと占領軍から注文がつき、特ロ誕生につながった。

　（2）はスロ60が生まれ、「つばめ」に投入された記録で、食堂車をはさんで2＋3の計5輌連結を連結する体制は、この後形式が変わっても維持された。（3）は1輌がスロ51になった変則運用である。1951（昭和26）年に食堂車にマシ35が使用されると、隣に連結するスロ60に専務車掌室を設ける改造が行われ100番代をつけた（4）。

　1956（昭和31）年11月の東海道線全線電化に合わせて、「つばめ」「はと」は淡緑色に塗り替えられ、特ロはスロ54になるが、すぐに軽量車のナロ10に交代した。（5）（6）はその過程を記録した。

　東海道線以外では、1953（昭和28）年に山陽特急の「かもめ」（京都〜博多）が運転を開始する。当初は特ロを4輌連結したが、山陽筋ではそれだけの需要がなく、すぐに3輌に減車された（7）。

　東北方面では、1958（昭和33）10月改正で、常磐線経由の「はつかり」が誕生する（8）。ナロ10は2輌、全体も8輌編成の短縮編成だったが、整備を担当する尾久客車区の力の入れ方は並ではなく、発車前の最終点検の時は、係員は靴を脱いで室内を巡回したほどだった。（9）〜（12）は臨時特急やブルートレインに切り替わる前の、一般車を使った九州特急である。

■急行列車

　（21）〜（24）は東海道線の夜行急行である。ハネの登場前で、座席車中心の編成だが、特ロ不足を並ロで補っている。（25）〜（28）は山陽、九州への列車で、軽量客車の投入後はハネの連結も始まる。

　東北方面は（29）〜（33）で、（31）の「津軽」は東北線に電気暖房が導入されたため、すべて2000番代の車輌が使用され、特ロは専用のオロ61に替わっている。（32）は上野〜仙台間の「青葉」で、特急用のスハニ35が連結されていることで有名だった。

　（34）は伝説的な3階建て急行である。東京を出る時は1本の列車だが、最終的には3方向に分かれ、鳥羽、新宮、福井を目指す。前の7輌が「能登」、次の4輌が「伊勢」、最後の4輌が「那智」である。「那智」に特ロがないのは残念だが、「伊勢」と「能登」には1輌ずつ組み込み、15輌の堂々たる編成になった。（35）は「日本海」で、こちらも北陸本線の交流電化により、電暖対応のオロ61を使っている。

　（36）〜（38）は北海道に配置されたスロ52の活躍を、（39）は山陰線の夜行急行を取り上げた。

■準急、普通列車

　昭和30年代の後半になると、特ロの需給が緩んできたことと、旅客サービス向上のため、それまでは状態の良い並ロを使用していた準急にも特ロの連結が始まる。（40）は中央西線の名古屋〜長野間を運転した「きそ1号」で、名古屋地区に配置されたオロ61の非電暖車が使用された。

　（41）は週末に東京から多数運転された伊豆方面の温泉準急である。前5輌は三島から伊豆箱根鉄道へ乗り入れる修善寺行、後ろ8輌は伊東行で、合計3輌の特ロを連結する。当時の日本企業はまだ土曜日は午前中出勤の体制で、午後の東京駅は会社からそのまま温泉に向かうサラリーマンで混雑した。幹部社員も多く、特ロの連結輌数に反映している。

　40年代に入ると、普通列車にも非冷房の特ロが連結される。（42）は姫路発東京行の夜行列車で、急行料金を節約したい学生に愛用された。（43）は東京（下りは品川）〜熱海を1日1往復した客車列車で、ほぼ全列車が電車になっているなかで、なぜか客車が使用されていた。

■「特ロ」年度末輌数推移表

年度末	24	25	26	27	28	29	30	31	32	33	34	35	36	37	38	39	40	41	42	43	44	45	46	47	48	49	50	51	52	53	54	55	56	57	58
スロ60	11	30	30	30	30	30	30	30	30	30	30	30	30	30	30	30	30	30	10	0															
スロ50		10	10	10	10	10	10	10	10	10	10	10	10	10	10	10	10	10	6	0															
スロ51		60	52	52	49	49	48	48	48	48	48	48	48	48	48	48	46	43	32	32	30	12	7	0											
スロ52			8	8	11	11	12	12	12	12	12	12	12	12	14	17	18	18	18	4	0														
スロ53			30	30	30	30	30	30	30	30	27	12	0																						
スロ54				32	32	40	47	47	47	47	47	47	47	45	47	47	47	47	47	47	47	24	17	17	15	12	10	10	10	5	0				
マロ55														2	0																				
スロフ51																			8	8	8	6	3	0											
スロフ52																			2	2	2	2	1	0											
スロフ53													3	18	30	30	30	30	30	30	21	16	10	1	1	1	0								
オロ61											21	41	86	111	111	105	99	99	46	0															
スロ62																			53	99	81	81	75	63	51	51	44	39	37	34	30	19	19	10	0
オロフ61															3	9	15	15	9	0															
スロフ62																				6	15	30	33	33	33	33	33	26	22	18	12	9	9	3	0
ナロ10											33	33	33	33	33	33	33	33	33	26	0														
オロ11																			7	33	33	33	33	5	0										
ナロ20											3	6	9	9	9	9	9	9	9	3	3	3	0												
合計	11	100	130	162	162	170	177	177	210	213	237	260	305	333	333	333	333	323	309	276	237	218	192	180	168	113	87	78	74	64	52	38	38	18	0

(1)	(2)	(3)	(4)	(5)	(6)	(7)
(1)1949.10.3 11レ「へいわ」 東京〔浜〕 EF55 1 スハニ32 47　大ミハソ スハ42 75　〃 スハ42 73　〃 スシ47 2　〃 オロ40 77　〃 オロ40 76　〃 オロ40 75　〃 オロフ33 5　〃 マイテ39 21　〃	(2)1950.12.1 2レ「つばめ」 〔宮〕 C62 33 スハニ32 46　大ミハソ スハ42 62　〃 スハ42 63　〃 スロ60 30　〃 スロ60 3　〃 スシ47 1　〃 スロ60 5　〃 スロ60 4　〃 スロ60 13　〃 スイテ48 1　東シナ	(3)1950.12.6 3レ「はと」 スハニ32 42　東シナ スハ42 108　〃 スハ42 107　〃 スロ60 30　〃 スロ51 35　〃 スシ37 57　〃 スロ60 29　〃 スロ60 25　〃 スロ60 22　〃 スイテ49 2　〃	(4)1951.12.1 3レ「はと」 〔浜〕 EF57 1 スハニ35 4　東シナ スハ44 21　〃 スハ44 25　〃 スハ44 5　〃 マシ35 2　〃 スロ60 29　〃 スロ60 28　〃 スロ60 117　〃 スロ60 19　〃 スロ60 26　〃 スイテ37 2　〃	(5)1957.10.17 2レ「つばめ」 東京 EF58 46 スハニ35 3　〃 スハ44 11　〃 スハ44 3　〃 スハ44 5　〃 スハ44 8　〃 スハ44 12　〃 スロ54 20　〃 スロ54 33　〃 マシ35 11　〃 スロ54 21　〃 スロ54 14　〃 スロ54 37　〃 マイテ39 21　〃	(6)1958.3.11 3レ「はと」 東京 EF58 63 スハニ35 4　〃 スハ44 15　〃 スハ44 17　〃 スハ44 1　〃 スハ44 24　〃 スハ44 27　〃 ナロ10 25　〃 ナロ10 9　〃 オシ17 3　〃 ナロ10 15　〃 ナロ10 23　〃 ナロ10 18　〃 マイテ49 2　〃	(7)1955.8.7 6レ「かもめ」 京都 スハニ35 8　門タタ スハ44 34　〃 スハ44 29　〃 スハ44 31　〃 スハ44 13　大ミハソ マシ49 1　門タタ スロ54 22　〃 スロ54 29　〃 スロ54 25　〃 スハフ43 3　〃
(8)1958.10.10 2レ「はつかり」 上野〔東オク〕 C62 19 スハニ35 8　東オク スハ44 34　〃 スハ44 33　〃 スハ44 27　〃 マシ35 4　〃 ナロ10 30　〃 ナロ10 29　〃 スハフ43 3　〃	(9)1957.7.22 1004レ「さくら」 東京 EF58 127 スハニ35 8 スハ44 32 スハ44 33 スハ44 31 マシ29 110 スロ60 113 スロ60 1 スハフ43 3	(10)1957.12.7 8レ「あさかぜ」 東京 EF58 6 ナハフ11 13 ナハ11 10 ナハニ11 2 ナハネ11 13 ナハネ11 14 オシ17 4 スロ54 31 マロネ29 116 マロネ40 11 マロネ40 4 オハニ35 4	(11)1958.1.16 10レ「さちかぜ」 東京 EF58 6 ナハフ11 1 ナハ11 17 ナハフ11 15 ナハネ11 8 ナハ11 7 ナハフ11 7 ナハ11 14 ナハネ11 18 オシ17 7 スロ54 47 マロネフ29 102 マロネ40 7 マニ32 92	(12)1961.10.3 1004レ「みずほ」 東京 EF58 59 スハフ42 2306 オハ36 110 スハネ30 115 スハネ30 17 ナハネ11 22 オハフ45 18 ナハネ11 8 ナハ11 25 オシ17 9 オロ61 2003 オロネ10 36 スハフ42 2308	(21)1950.11.29 15レ「彗星」 〔名〕 C59 3 マニ31 42　大ミハソ スニ73 14　〃 マイネ41 2　〃 マロネ38 1　〃 マロネ39 3　〃 スロ50 9　〃 スロ50 10　〃 オハ40 76　〃 スハ42 102　〃 スハ42 104　〃 スハ42 101　〃 オハ35 714　〃 オハ35 744　〃 オハフ33 389　〃	(22)1950.12.4 13レ「銀河」 スニ73 13 マイネ40 12 マイネ41 6 マロネ39 2 スロ60 26　東シナ スロ60 18　〃 オロ40 64　〃 スハ42 111　〃 スハ42 112　〃 スハ42 113　〃 スハ42 115　〃 スハ42 116　〃 オハフ33 506　〃
(23)1955.5.4 17レ「月光」 〔浜〕 EF56 5 マニ74 68　大ミハソ マイネ41 4　〃 マロネ29 113　〃 マロネ29 110　〃 スロ54 34　〃 スロ54 21　〃 オロ40 75　〃 スハフ42 325　〃 スハ43 685　〃 スハ43 684　〃 スハ43 687　〃 スハ43 686　〃 スハ43 305　〃 スハフ42 313　〃 スハフ42 305　〃	(24)1956.3.10 11レ「明星」 マニ60 302 スユ42 3 スロ60 5 スロ50 9 スロ34 16 オハ46 687 オハ46 614 オハ46 610 オハ46 608 オハ46 611 オハ46 613 スハフ42 323	(25)1954.10.1 33レ「玄海」 〔東〕 EF58 4 マニ31 4　門タタ スロ51 27　〃 オロ40 80　〃 オハシ30 5　〃 スハフ42 211　〃 スハ43 423　〃 スハ43 561　〃 スハフ42 76　鹿ヤコ スロ53 7　〃 オロ35 9　〃 スハ43 204　〃 スハ43 292　〃 スハフ42 209　〃	(26)1955.4.20 39レ「筑紫」 岡山 スニ30 85 オユ36 4 マイネ40 12 スロ53 20 スロ54 9 オロ40 68 マシ38 3 スハ43 448 スハ43 445 スハ43 441 スハフ42 251 スハ43 475 スハ43 438 スハフ42 223	(27)1956.6.16 21レ「安芸」 広ヒロ スロ53 19 オロ40 35 ナハネ10 30 スハフ42 201 オハ46 601 スハ43 400 スハ43 558 スハ43 557 スハフ42 240 スハフ42 137　岡イト	(28)1965.9.28 31レ「霧島」 〔関〕 EF58 46 マニ60 369　鹿カコ オハネ17 109　門タケ ナハ11 42　鹿カコ オハネ17 25　〃 ナロ10 17　〃 ナロ10 27　〃 オシ17 3　〃 ナハ11 96　〃 ナハ11 93　〃 ナハ10 9　〃 ナハフ11 17　〃 ナハフ11 9　〃 ナハフ10 86　熊クマ オハ47 147　〃 オハフ33 519　〃	(29)1952.7.15 201レ「みちのく」 上野〔東ヲク〕 C61 2 オハフ33 355　東ヲク オハ35 895　〃 オハ35 907　〃 スハ43 93　〃 スハ43 92　〃 スハフ42 55　〃 スハシ37 11　〃 オロ35 8　〃 オロ36 4　〃 スロ51 42　〃 スニ30 13　〃
(30)1959.6.1 206レ「十和田」 上野〔東オク〕 C62 37 マニ32 59　東オク マニ60 414　〃 マニ76 16　〃 オロネ10 9　〃 スロ54 35　〃 スロ60 20　〃 ナハネ11 3　〃 ナハネ10 88　〃 スハシ38 3　〃 ナハ11 59　〃 ナハ11 76　〃 ナハ10 66　〃 スハフ42 56　〃	(31)1962.9.30 401レ「津軽」 上野〔宇〕 EF57 3 ナハフ11 2052　東オク ナハフ11 2024　〃 ナハ11 2062　〃 ナハ11 2023　〃 ナハ11 2025　〃 オシ17 2080　〃 スハネ30 2103　〃 オロ61 2003　〃 オロ61 2032　〃 オロネ10 2016　〃	(32)1954.12.23 101レ「青葉」 上野〔白〕 C61 7 スハフ42 58　東ヲク スニ32 429　〃 スハ43 89　〃 スロ34 4　〃 スハフ42 54　〃 スロハ32 6　〃 スロ51 12　仙セン オハシ30 4　〃 スハフ42 247　仙セン スハ43 460　〃 スハニ35 12　〃	(33)1956.3.11 401レ「鳥海」 スハフ42 318　秋カタ スハフ42 231　秋ヨシ オハフ45 1　秋アタ オハ46 21　〃 オハ46 20　〃 オロ40 39　〃 スロ51 47　〃 スハフ29 119　東ヲク マニ31 30　〃 マニ60 403　秋アタ	(34)1959.9.24 901レ「伊勢」「那智」「能登」 EF58 18 マロネフ38 11　東シナ スロ54 19　〃 ナハネ11 35　〃 ナハネ11 43　〃 スハ43 631　〃 スハ43 160　〃 スハフ42 225　〃 ナハネ10 35　天ヤマ スロ53 4　〃 スハフ42 266　〃 スハフ42 195　東シナ マロネロ38 7　〃 ナハネ11 41　〃 スハフ42 256　〃	(35)1962.9.12 502レ「日本海」 米原〔米〕 D50 138 オユ10 2014 オロ61 2071 オロ61 2070 スハネ30 2132 オシ17 2018 スハ43 2239 スハ43 2237 スハ43 2488 スハフ42 2102 オロネ10 2050 スハフ42 2104	(36)1958.8.15 4レ「まりも」 小沢〔万〕 D51 156 D51 596 マニ32 32　東ヲク スユニ60 217　青ハコ ナハネ10 501　〃 スロ52 1　〃 オロフ32 6　仙セン スハシ38 23　青ハコ スハ45 20　〃 スハ45 43　〃 スハ45 41　〃 スハ45 26　〃 スハフ44 11　〃
(37)1956.8.20 6レ「あかしや」 軍川〔築〕 D51 887 スロ52 3　青ハコ スロ33 6　〃 スハシ38 21　〃 スハ45 33　〃 スハ45 21　〃 スハ45 36　〃 スハ45 50　〃 スハフ44 6　〃 オハ35 851　〃	(38)1960.8.7 1レ「大雪」 〔築〕 C62 44 スハフ44 14　函ハコ スハ45 43　〃 オハ35 1160　〃 オハ62 67　〃 スハフ44 20　〃 スハ45 13　〃 スハ45 25　〃 スハシ38 4　〃 オハ35 7　〃 スロ52 3　〃 スハ45 43　〃 スユニ60 203　旭アサ	(39)1967.8.5 701レ「おき」 福知山 D F50 565 スユニ61 5 マニ60 36 スロ51 33 オロ10 2 ナハネ11 10 オハネ17 2113 オハ36 134 オハ36 90 オハ36 88 オハフ45 1	(40)1962.9.9 2805レ「きそ1」 名古屋 D51 5　〔稲一〕 オハニ61 37　長ナノ オハ46 286　名ナコ オロ61 114　〃 オハ46 669　〃 オハ46 26　〃 オハ46 24　〃 オハフ45 17　〃	(41)1966.2.11 1815レ 東京 「第2いでゆ」 EF58 148 オハフ45 2005 スロ54 44 オハ46 2621 オハ46 2537 ナハフ10 33 スハフ42 2264 オハ47 176 オハ46 684 オハ46 2620 ナハ11 48 ナハ11 54 スロ54 36 スロ60 26 スハフ42 2259	(42)1966.1.14 144レ 東京 EF58 151 スハフ42 163 スハ43 172 スハ43 292 スハ43 262 スハ43 204 スハ43 210 オハ47 176 オハ46 684 スロ51 20 オハフ33 1011 マニ60 326 マニ60 459 オユ61 1	(43)1967.2.6 848レ 東京 E F58 166 ナハフ11 2016　東シナ スハ32 573　〃 スハ32 283　〃 スハ32 299　高タカ スハ32 265　東シナ スハ33 1332　〃 スハ32 264　東シナ スハ33 1876　〃 スハ32 457　高タカ スハ32 456　〃 スロ753 11　東シナ スハフ42 2330　〃

あとがき

筆者は残念ながら、一度も特ロに乗車したことがない。学生時代に撮影旅行などで全国を回ったが、おカネがない身分では常に2等車(普通車)の固い椅子に座っていた。反対側に入った急行の1等車の、白いカバーのかかったゆったりした座席を、うらやましく眺めたものだ。

会社勤めになれば、少し奮発すればグリーン車にも乗れるようになる。そのころになると特ロを連結した客車急行がどんどん姿を消し、電車や気動車ではお世話になったものの、とうとうあこがれの白いカバーは未経験に終わった。

戦後の国鉄に占領軍が残した唯一の功績といわれるほど、リクライニングシートはたちまち定着した。外見上も、広窓、狭窓どちらも優等車らしい雰囲気をただよわせ、等級帯のアクセントもあって、模型ファンの間では今も人気が高い。

こうした特ロについて、個別の車輌の解説はこれまでにも公表されたものがあるが、全体をまとめて流れを追ったものは見当たらない。レールの上から姿を消して早くも30年以上たつが、まだまだ記憶に残る特ロの活躍をまとめてみた。

鉄道友の会客車気動車研究会の会員諸氏からは、貴重な画像、データ、助言をいただいた。お世話になって皆さまに厚く御礼を申し上げる。

　　　　　　　　　　和田　洋(鉄道友の会会員)

●参考文献
『最近10年の国鉄車両』(1963年　日本国有鉄道)
『鉄道技術発達史』第4篇(1958年　日本国有鉄道)
『オハ61形の一族』(2010年　車両史編さん会)
『スハ43形の一族』(2012年　車両史編さん会)
『ナハ10形の一族』(2014年　車両史編さん会)
『RECLINING SEAT』各号(客車クラブ)

「国鉄形軽量客車」
(鉄道ピクトリアル667・670号／1999年　電気車研究会)
「60系鋼体化客車」
(鉄道ピクトリアル700・702号／2001年　電気車研究会)
「スハ43系」(鉄道ピクトリアル718・719号／2002年　電気車研究会)
「オハ35系」(鉄道ピクトリアル748・750号／2004年　電気車研究会)
「スハ43系」(鉄道ピクトリアル718・719号／2002年　電気車研究会)
「20系固定編成客車」
(鉄道ピクトリアル763号／2005年　電気車研究会)

●資料提供
鈴木靖人、中村光司、葛 英一、伊藤威信、藤井 曄、吉野 仁、佐藤進一、江本廣一、西野寿章、筏井満喜夫、豊永泰太郎、片山康毅、渡邊和義、黒岩保美、中村夙雄、菅野浩和、藤田吾郎、勝村 彰、星 晃

食堂車をはさみ特ロが5輌連結された特急「つばめ」。
　　　　　　1955年　山科付近　P：奥野利夫